올바른 나무전정

TREE PRUNING: A WORLDWIDE PHOTO GUIDE
Copyright ⓒ 1989 by Shigo and Trees, Associates.

All rights reserved. No part of this publication may be reproduced, in any form or by any means, without the prior written permission of the publisher.
Korean translation copyright ⓒ 2005 by EIN and Company Co., Ltd.
Korean translation rights arranged with Shigo and trees, Associates through Eric Yang Agency

이 책의 한국어판 저작권은 에릭양 에이전시를 통한 Shigo and Trees, Associates사와의 독점계약으로 한국어 판권을 (주)아인앤컴퍼니가 소유합니다. 저작권법에 의하여 보호를 받는 저작물이므로 무단전재와 무단복제를 금합니다.

올바른 나무전정

개정판 제1쇄 인쇄 2010년 6월 15일
개정판 제1쇄 발행 2010년 6월 20일

지은이 | 알렉스 L. 샤이그(Alex L. Shigo)
옮긴이 | 이규화
펴낸곳 | 아인북스
펴낸이 | 윤영진
등록번호 | 제305-2008-00019호
주소 | 서울시 종로구 내수동 72 경희궁의 아침 3단지 오피스텔 1104호
전화 | 02-926-3018
팩스 | 02-926-3019
메일 | 365book@hanmail.net
블로그 | blog.naver.com/bookpd

ISBN 978-89-91042-37-7 13480
값 20,000원

＊잘못 만들어진 책은 바꾸어 드립니다.

올바른 나무전정

현대 전정 기법을 확립한 다양한 전정 사례

알렉스 L. 샤이고 지음 | 이규화 옮김

아인북스

아름다운사람은

365일 독자와 함께 지식을 공유하고 희망을 열어가겠습니다.
당신의 지혜와 풍요로운 삶의 지수를 높이는 든든한 아인북스가 되겠습니다.

매릴린과 토비에게 바칩니다.

머리말

    이 책의 목적은 전정剪定, pruning에 관한 과학적인 연구결과를 통하여 나무를 다루는 모든 사람들이 쉽게 이해할 수 있도록 소개하는 데 있다.

    나무 전정의 역사상 가장 큰 문제는 전정이 나무의 건강에 영향을 미칠 수 있다는 사실이 무시된 채 인간의 욕구충족을 위한 수단으로 여겨져온 것이다. 이 책에서는 전정을 인간의 욕구는 물론 나무의 건강과 나무를 둘러싸고 있는 주변 환경들과 연계하여 논하고자 한다.

    나무 생육에 관한 몇 가지 단순한 원리를 이해하고 나면, 올바른 전정이 쉽고 상식적이라는 사실을 알게 될 것이다. 저자는 이 책을 읽기 쉽고, 이해하기 쉽고, 실행에 옮기기 쉽게 쓰려고 노력했다. 독자들도 그렇게 읽어주기 바란다.

    이 책은 하나의 안내서이지 절대적인 이론으로 구성된 규정집이 아님을 강조한다. 본문에서는 여러 가지 주제를 소개하고 있는데, 각 주제에 대해서는 항상 다양한 시각이 있을 수 있다.

    마지막으로, 전정을 할 때에는 고도의 관심과 주의를 기울이기를 당부한다.

    왜냐하면, 방법을 알게 된다고 해서 초보자가 모든 전정 작업을 수행할 수 있는 것은 아니기 때문이다. 전정에 관해 도움과 조언을 받고자 한다면 나무관리 전문가인 나무관리사와 상의하기 바란다.

감사의 글

26년간 나의 수목연구를 지원해주고 이 책에 사진을 게재할 수 있도록 허락해준 미국 산림청the United States Forest Service에 감사한다.

또한 전정에 대한 연구를 도와준 케네스 두지크, 데이빗 펑크 박사, E. 앨런 맥기니스 박사, 닐즈 흐바스, 넬슨 로저스, 월터 쇼틀 박사, 클라우스 볼브레히트에게도 감사한다. 그리고 평절平切, flush cut/flush prune, 가지를 줄기의 표면과 같은 높이로 평형하게 자르는 것이 된 나무는 사지 않겠다고 말한 합판제조용 흑호두나무 구매자에게 깊이 감사한다. 그 이유를 알고 싶었기 때문이다.

끝으로 더 좋은 책이 되도록 귀중한 조언을 해준 케네스 두지크, 파이어스 플로리스, 피터 거스텐버거, 존 하머, 웨이 호잇, 제럴딘 호잇, 쉐런 오쎈브루겐, 에버렛 로울리, 매릴린 A. 쉬고, 케빈 스미스 박사, 클라우스 볼브레히트, 브루스 윌헬름, 다니엘 잔지 박사에게도 감사한다.

특히 클라우스 볼브레히트는 유상조직癒傷組織, callus, 식물체에 상처가 났을 때 상처를 봉합하기 위해 생기는 조직의 의미를 명확히 할 필요성이 있음을 일깨워준 데 대해 감사한다.

알렉스 L. 샤이고

역자 서문

　이 책을 접하게 된 것은 커다란 행운이 아닐 수 없다.

　소위 인생의 전반전이라고 할 수 있는 직장생활을 정리한 후 앞으로 살아갈 후반전에 일해볼 만한 분야로 조경산업에 관심을 갖게 되었고, 조경의 여러 분야 중에서 관리 분야에 마음을 두고 공부하던 중 이 책을 만나게 되었다. 그때 전정에 대해서 관심은 많았으나 전정가위도 잘 다룰 줄 모르는 문외한이었다. 그러나 이 책을 읽어가면서 전정에 관한 기본적인 이론적 근거를 이해하게 되었고, 전정을 직접 하기는 어렵지만 작업해놓은 것을 평가할 수 있는 안목은 얻게 되었다.

　이 책의 저자인 알렉스 L. 샤이고 박사는 현장에서 직접 나무를 자르고 절개하면서 얻은 생생한 자료를 정리하여 1985년에 가지가 줄기에 어떻게 연결되어 있는지를 밝히는 논문 〈How tree branches are attached to trunks〉를 발표했다. 그리하여 전정 분야에 마지막으로 남아 있던 의문을 해소함으로써 전정에 관한 학문적 기초를 완성했다. 저자는 여기에 그치지 않고 많은 사람들이 전정의 원리를 쉽게 이해하여 주변의 나무를 보호할 수 있도록 하기 위해 초보자들도 이해하기 쉬운 이 안내서를 출간하였다.

　전정 분야에 초보자인 역자가 이 책을 옮기기에는 부족한 점이 너무 많지만,

전정에 관심을 갖고 있는 분들에게는 꼭 필요한 책으로 판단되어 감히 욕심을 부려보았다. 매끄럽게 옮기지 못한 데 대해 먼저 독자 여러분의 양해를 구하며, 부족하지만 나무를 사랑하고, 올바른 전정에 관심을 갖고 있는 분들에게 이 책을 꼭 한번 읽어볼 것을 권한다.

 끝으로 이 책을 소개해주신 천안연암대학 조경학과 송근준 교수님께 감사의 말씀을 드리고, 기꺼이 이 책의 출간을 수락해준 아인북스에도 감사를 표한다. 그리고 늦은 나이에 공부를 시작한 남편을 이해해주고 지원해 준 아내에게 고마운 마음을 전한다. 원고 정리에는 둘째 아들의 도움이 많았다.

2010년 5월
이규화

차례

머리말	6
감사의 글	7
역자 서문	8
서론	14
전정의 여러 문제	22
안전제일	30
쉬운 해결방안, 어려운 실천	32
가지 도해	35
자연낙지自然落枝	37
보호지대	39
가지깃branch collar	40
지피융기선BBR	42
자연표적전정natural target pruning	44
새살고리woundwoocring	48
내부 모습올바른/그릇된 자르기	52
평절flush cut과 문제점	57
죽은 가지	68
가지그루터기branch stub	80
유상조직callus의 혼동	83
동일 세력 줄기codominant stem	90
매몰된 수피includec bark	100
수형tree form	110
정지training cut	119
수간 자르기topping	125
두목전정pollard	131

모양 만들기	138
격자 시렁espalier	139
깎기 전정shearing	141
목질의 덩굴식물 전정	143
큰 나무 전정	147
과도한 전정	149
나무의 위해危害	154
크기와 형태의 올바른 조절	156
상처도포제wound dressing	158
단근root pruning	162
맹아지sprout	164
야생과 전정	165
분재bonsai	167
나무의 품위	168
향후 과제	169
사람과 나무	170

부록

나무는 어떻게 자라고 스스로를 방어하는가?	172
생명을 유지하는 원리와 죽음에 이르는 원리는 같은 것이다	177
나무 전정의 역사	180
혼란의 시작	182
한스 마이어 – 베겔린 박사와 전정의 역사	184
로버트 하티그 박사와 전정	187
가지 해부 모형	189
올바른 자르기 후의 새살	190
그릇된 자르기 후의 새살	191
가지보호지대	192
오래된 나무의 큰 가지 전정	193
동일 세력 줄기	194

수간깃trunk collar	195
미국 느릅나무의 등일 세력 줄기	196
매몰된 수피 가지의 올바른 전정	200
단속斷續적으로 매몰된 수피	201
유상조직과 새살	202
균열, 젖은 목재와 가지의 파손	203
낙지cladoptosis, 전정도구	205
공동의 치료	207
줄당김cabling과 쇠조임bracing	208
샤이고측정기Shigometer	209
CODIT	210
나무의 위해	213
올바른 식재와 전정	216
전정과 에너지	219
전정, 시비, 그리고 생물계절학phenology	220
맺는말	225
참고 문헌	228
찾아보기	234
역자 참고 문헌	240

일러두기
본문에 *표기는 내용의 이해를 돕기 위해 역자가 주)를 달았다.

그리고 여우가 어린왕자에게 말했다.
"사람들은 이 진리를 잊어버렸어.
하지만 넌 그것을 잊어서는 안 돼.
너는 네가 길들인 것에 대해 영원히 책임을 져야 해."

생텍쥐페리의 《어린왕자》 중에서

올바른 전정이란

나무의 아름다움을 존중한다.
나무의 방어체계를 존중한다.
나무의 품위를 존중한다.

그릇된 전정은

나무의 아름다움을 훼손한다.
나무의 방어체계를 훼손한다.
나무의 품위를 떨어뜨린다.

나무는 산림 속에서
수백만 년 동안 자라왔다

숲 속의 나무들은 길고 날씬한 줄기를 갖고 있다.
낮은 데 있는 가지는 약해지면 떨어진다.

유칼리나무*는 세계에서 가장 키가 큰 활엽수(학명 *Eucalyptus regnans*)로,
상단부가 부러진 상태에서 높이가 95m 이상 됨.

올바른 나무전정

오스트레일리아 | 덴마크

우리는 나무를 우리가 사는 세계로 들여왔다

도시에 있는 나무들은 대개 짧고 튼튼한 수간과
굵고 낮은 가지를 가지고 있다.
우리는 나무가 자라는 방식을 바꾸어 놓았다.
우리는 이들을 제대로 보호할 책임이 있다.

올바른 보호는

나무가 어떻게 자라고 어떻게 스스로를 방어하는지를 이해하는 것에서부터 출발한다. 나무는 점점 더 높이 더 크게 자라며, 지구상의 그 어떤 생물체보다 오래 산다. 나무는 구획화區劃化되어 있고, 목질의 다년생 낙엽성식물이다. 나무는 보통 중앙에 큰 줄기를 갖는다. 나무의 골격은 목재木材, wood로 이루어져 있다.

유칼리 나무 :

정식 이름은 Eucalyptus이며 도금낭과의 한 속으로 상록 교목 또는 관목이며 호주에만 약 600여종의 유칼리가 있다. 호주에 가장 많은 나무로 산림의 90% 정도 이상을 차지한다. 유칼리는 꽃이 피기 전에 꽃받침이 꽃의 내부를 완전히 둘러싼 특징을 취하여 잘 싸였다는 뜻이기도 하다. 열매는 종자가 많이 들어 있고 신선한 잎에서 채취되는 유칼리유는 약용으로 쓰인다. 3~11월에 노란색, 흰색, 붉은색 따위의 꽃이 피고 열매는 반구형이다. 고무질 진과 기름이 나와 기름, 고무, 타르의 원료로 쓰고 나무는 건축재로 쓴다. 코알라는 약 60여 종류의 유칼리 잎을 먹고, 잎에 함유된 잠자는 성분으로 하루에 약 18시간 이상 잠을 잔다.

목재의 세포 단면도					미국 뉴햄프셔주

올바른 나무전정

목재*는 죽은 것이 아니다

목재는 살아 있는 세포, 죽어가는 세포, 죽은 세포가 고도의 질서에 의해 정돈되어 있는 조직이다. 세포벽細胞壁, cell wall은 섬유소纖維素, cellulose와 리그닌lignin, *섬유소의 미세섬유 사이를 충전시켜 압축강도를 높임으로써 섬유소의 인장강도와 함께 목부의 물리적인 지지능력을 크게 해줌 으로 구성되어 있다.

수간, 가지, 뿌리에 있는 변재邊材, sapwood, *줄기의 목재 중 바깥쪽, 즉 수피에 가까운 목질부로, 옅은 색을 띤 부분 는 죽은 세포보다 살아 있는 세포를 더 많이 가지고 있다. 살아 있는 세포는 크기가 작다. 반면에 죽은 섬유와 운반세포는 크다.

옆 사진은 목재 내에 살아 있는 세포의 착색된 단면이다. 살아 있는 세포는 생육, 특히 방어에 필요한 에너지를 비축하고 있다.

전정으로 살아 있는 세포의 목재를 제거하면 나무의 에너지 저장 체계에 영향을 미치게 된다. 따라서 에너지의 저장이 영향을 받으면 성장과 방어능력도 영향을 받게 된다.

수피(형성층 포함) 안쪽에 있는 목질 조직 전체.

나무 방어의 한계

올바른 전정은 유익한 나무관리법이다. 흔히 사람들은 나무가 크고 강인하기 때문에 아무렇게나 전정을 하거나 취급해도 계속 스스로를 방어할 수 있다고 생각한다. 하지만 옆 사진을 보면 그렇지 않다는 것을 알 수 있다.
나무가 견딜 수 있는 데는 한계가 있다.
이 참나무는 과도하게 전정이 되었다. 과도한 절단으로 방어체계를 파괴시켰다. 가지에는 썩은 부위가 있고, 상처의 감염을 방지하기 위해 두껍게 덧씌운 상처도포제傷處塗布劑, wound dressing가 썩은 부위를 감싸고 있다. 또한 건설공사로 인해 뿌리가 훼손되었다. 결국 이 나무는 죽고 말았다. 사람들은 이 나무를 사랑하여 가까이 두고자 했지만, 나무가 어떻게 자라는지 이해하지 못했기 때문에 이 나무를 죽이고 말았다. 이러한 일은 수없이 반복되고 있다.

미국 캘리포니아주 | 사진 제공 : 존 M. 필립스

변화가 필요한 시점

수세기 동안 인간은 전정이라는 미명 하에 나무에 상처를 주어왔다. 지금 세계 각지의 도시와 산림에 있는 나무들은 다양한 이유로 고통을 받고 있다. 이제는 나무를 다루는 방법에 있어서 변화가 필요한 시기이다. 결정은 나무에 대한 생물학적인 이해에 기반을 두고 이루어져야 하며, 정보는 과학적인 연구로부터 나와야 한다.

연구에 기반을 둔 전정

그 동안 언급되어온 것은 가지를 나무에서 어떻게 제거할지에 대한 것이었다. 가지가 나무에서 어떻게 형성되는지에 대한 연구 결과가 발표된 것은 1985년에 이르러서의 일이었다. 이 책은 나무와 가지의 관계에 대한 연구와, 그와 관련하여 저자가 여러 연구원의 도움을 받아 30년 이상 행해온 연구에 기초를 두고 있다.

전정의 여러 문제

우선, 나무에게 심각한 손상을 초래하는 다음의 7가지 관행에 대해서 변화가 이루어져야 한다. 이들 관행은 모두 전정과 관련 있는 것들이다.

오스트레일리아

문제 1 부적절한 나무, 부적절한 장소

이 나무는 나중에 가지가 잘려 나가게 될 것이다.
어떤 크기와 형태의 나무가 필요한지를 알아야 한다.
작은 나무라도 자라면 큰 나무가 된다.
나무를 심을 장소를 잘 알아야 한다.
원하는 위치에서 가장 잘 자랄 수 있는 나무를 선정하라.
전문가에게 조언을 구하라.

미국 캘리포니아주

문제 2 평절* 平切, flush cut

나무의 주요 방어체계가 파괴되어 있다.
가능한 한 가지깃branch collar, 지륭/가지밑살이라고도 함에 가까이 절단하되,
가지 깃을 훼손하거나 제거해서는 안 된다.

평절은 가지를 자를 때 지피 융기선, 가지깃 등을 감안하지 않고 줄기의 표면과 같은 높이로 평행하게 가지를 자르는 것을 말함.

미국 캘리포니아주

문제 3 가지그루터기*殘枝, branch stub를 남기는 절단

가지그루터기는 부후腐朽, rot, *목재 중 죽은 부위가 곰팡이(목재부후균)의 활동으로 그 성분이 분해되는 현상와 궤양潰瘍, canker, *줄기나 가지에 부분적으로 나타나는 병반을 촉발하는 생물체에게 좋은 영양분이다.

살아 있거나 죽었거나 가지그루터기는 남겨두지 마라.

솟아 있는 가지깃은 가지그루터기가 아니다.

가지를 제거한 후에 가지깃 위에 남아 있는 가지.

미국 플로리다주

문제 4

큰 나무의 수간 樹幹, trunk 자르기 topping 와 가지 자르기 tipping

사진과 같은 관행은 큰 나무에게 심각한 상처를 주고 위해한 상태에 이르게 하기도 한다. 전선 아래에는 나무를 심지 않아야 한다. 아니면 관목을 심거나, 나무가 작을 때부터 전정을 시작해야 한다.

오스트레일리아

문제 5 과도한 전정

나무의 골격이 훼손된다.
나무가 매우 위해한 상태가 된다.
뿌리가 약화되고, 뿌리 병이 시작된다.
과도한 맹아지 p. 66 참조 발생이 시작된다.
천공성 해충이 몰려든다.

이탈리아 | 스웨덴

문제 6 그릇된 두목전정* 頭木剪定, pollard

가지제거mutilation, 원칙 없이 나무의 생육에 필요한 가지나 줄기까지 잘라버리는 것를 가끔 두목전정이라고 잘못 사용하고 있다.

올바른 두목전정은 좋은 나무관리법이다. 두목전정에 적합한 나무를 대상으로 시작한다. 나무가 작고 어릴 때에 원하는 골격을 확립하고 해마다 맹아지를 제거한다. 단, 두목의 선단先端, head, 두목전정에서 둥글게 유지되는 부분은 훼손하지 않도록 주의해야 한다.

> 줄기나 가지 절단부위의 맹아지 발생을 활용하여 그 끝이 둥글게 유지되도록 관리하는 전정기법.

문제 7 상처도포제

상처도포제는 부후를 중단시키지 않는다.
부후되었거나 병에 감염된 목재에는 도포제를 발라서는 안 된다.
어떤 상처도포제는 부후를 조장시킨다.
새살*woundwood, 종종 유상조직으로 오인됨의 신장을 자극하는 상처도포제도 있다. 이러한 새살이 안으로 말려들어가서 '숫양의 뿔'을 형성하면 상처 부위의 봉합을 방해할 수도 있다.

이러한 상처도포제와 관련한 관행이나 나무의 생리를 세부적으로 논의하기에 앞서, 안전에 대한 기본 원칙을 아는 것이 중요하다.

> woundwood는 상처를 봉합하기 위해 생성되는 목질조직으로, 사람의 상처치유조직에 비유하여 '새살' 이라고 옮김.

안전제일

나무를 전정하는 것은 즐거운 일이다. 하지만 동시에 위험할 수도 있다.

이 책은 나무관리 전문가나무관리사와 초보자에게 전정에 관한 정보를 제공한다. 그렇다고 해서 초보자가 바로 전정을 할 수 있다는 것은 아니다.

다음은 초보자가 알아야 할 몇 가지 안전수칙이다.
- 사다리에 올라가야 할 정도의 높이라면 그 나무는 초보자가 전정하기엔 너무 크다.
- 가지의 지름이 2인치를 초과하면 전정하지 마라.
- 안전모, 장갑, 안경, 긴 소매 셔츠를 착용하라.
- 날카로운 도구는 날이 잘 선 것을 사용하라.
- 전선 가까이에서 작업하지 마라.
- 체인톱은 절대 사용하지 마라.
- 태풍에 손상된 나무는 손대지 마라.
- 전기가위와 연결된 전기코드의 위치를 알아두라.
- 자신의 작업에 집중하라.
- 자기 능력의 한계와 사용하는 도구의 한계를 알아야 한다. 의문점은 전문가와 상의하라.

다음은 전문가가 알고 실천해야 할 몇 가지 수칙이다.
- 전선 가까이에서 일하기 전에는 적절한 교육을 받아라.
- 항상 안전장비를 착용하라.
- 항상 동료가 어디에 있는지 파악하라.
- 개별 체인톱의 출력을 숙지하여 이를 적절하고 안전하게 사용하라.
- 나무에 올라가기 위한 밧줄은 약한 가지에 걸지 마라.
- 나무에 접근하기 전에는 늘 장비와 도구를 점검하라.

올바른 나무전정

- 피곤하거나 혼자일 경우에는 작업하지 마라.
- 베인 상처나 타박상을 가볍게 여기지 마라.
- 훈련받은 대로 작업하라.
- 사고는 반드시 보고하라.
- 안전에 관한 회합을 주기적으로 가져라.

늘 안전을 이야기하고 생각하라

쉬운 해결방안, 어려운 실천

올바른 전정이 무엇인가에 대한 답은 쉽고 간단하다. 그러나 쉽고 단순한 방법이라도 사람들로 하여금 실천하게 하는 일은 매우 어렵다. 그 과정들을 열거하면 다음과 같다.

1) 자신이 어떤 나무를 원하는지 결정하라 : 교목, 관목, 수양성, 과수 등
2) 어떤 종류의 땅을 가지고 있는지 인식하라 : 젖은 땅인지 건조한 땅인지, 산성 땅인지 알칼리성 땅인지, 점토인지 사질토인지 등
3) 나무전문가와 상의하라 : 양묘가nurseryman, 나무관리사arborist, 공개강좌 강사 등
4) 식재지 조건에 맞는 수종을 선택하라.
   - 크게 자라는 나무를 심으면 안 되는 곳 : 좁은 장소, 전선 아래, 건물 가까이 주변 등
   - 구매하면 안 되는 나무 : 궤양, 상처, 매몰수피埋沒樹皮, included bark, p.96 참조, 가지 아래 함몰 자국, 균열, 평절, 빈약한 외형, 맴도는 뿌리, 화분에 너무 오래 담겨 있어서 뿌리가 나선형으로 자란 나무 등
5) 나무 종류에 알맞은 원하는 골격을 만들기 위해서는 전정을 일찍 시작하라. 골격은 나무의 모양이나 외관을 결정하는 기본적인 설계이다.
6) 나무의 외관을 유지하기 위해서는 전정을 규칙적으로 계속하라. 외관은 나무의 완성된 구조이다.
7) 해결책은 적지에 적정 수종을 선택하여, 전정을 일찍 시작하고, 이를 계속하는 것이다. 이렇게 간단한 세 가지 행위를 실행에 옮기는 것은 대단히 어렵다. 어린 나무가 자라서 큰 나무가 되지만, 가지는 수간의 같은 자리에 계속 머물러 있다는 사실을 기억하라.

올바른 전정을 일찍 시작하라

올바른 전정은 나무와 그 나무의 이웃, 그리고 인간에게 유익하도록 나무에서 살아 있거나, 죽어가거나, 죽은 부분을 제거하는 것이다. 탈락되면서 나무에게 큰 상처를 줄 수 있는 가지가 있다면 이를 제거하는 것이 나무에 유익할 것이다. 올바른 전정은 가지가 찢어질 수 있는 불완전한 형태를 바로잡는 것이다. 가지가 찢어지면 나무는 죽을 수 있다.

올바른 전정으로부터 얻을 수 있는 인간의 혜택은 좀더 좋은 품질의 목재나 다양한 과일을 얻는 것이다. 또한 녹음, 아름다움, 방풍 등에 필요한 수형을 만들어준다. 나무의 이웃들도 오랫동안 살 수 있는 장소를 확보함으로써 혜택을 누린다.

이제부터 가지가 어떻게 자라고, 죽고, 탈락하는가를 살펴보자.

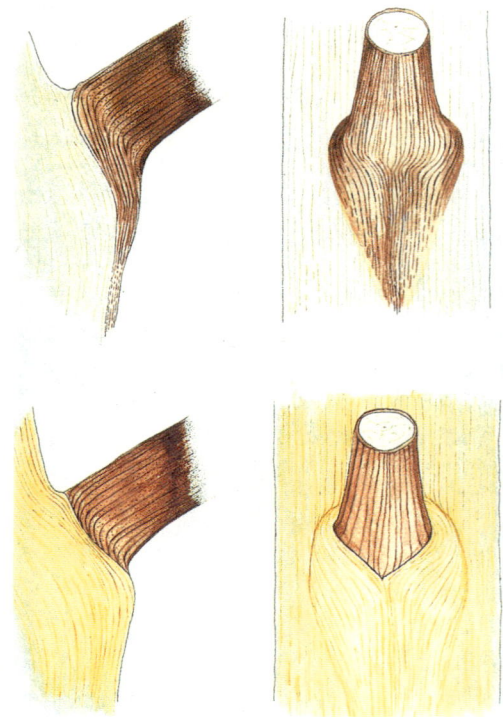

미국 뉴햄프셔주

가지는 수간에 어떻게 연결되어 있는가?

가지조직branch tissue, 그림의 붉은색은 수간조직trunk tissue의 안쪽에서 자라기 시작한다. 가지조직은 가지의 기부基部에서 갑자기 깃collar, *줄기와 가지가 연결된 부위에서 가지를 감싸고 있는 조직. 목을 감싸는 옷의 깃과 비슷한 모양임을 형성한다. 수간조직그림의 노란색은 그 뒤에 자라서 가지깃branch collar 위에 수간깃trunk collar을 형성한다.

올바른 나무전정

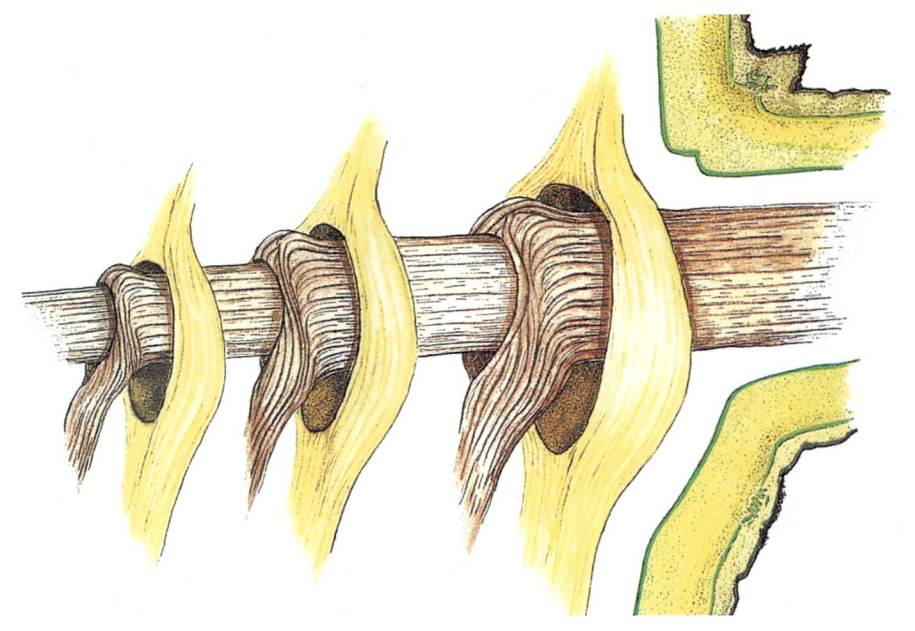

미국 뉴햄프셔주

가지 도해

위 그림에서는 3개의 나이테를 늘여서 분리해놓았다. 수간깃노란색이 가지깃 붉은색을 감싸고 있다. 수피에 있는 조직들도 같은 형태를 취하고 있다. 수분과 필수원소가 뿌리로부터 안쪽의 붉은색 가지조직으로, 그리고 뿌리로부터 가지 위에 있는 노란색 조직으로 이동한다.

광합성 물질, 즉 나무의 영양분인 당류는 가지에 붙어 있는 잎으로부터 붉은색으로 표시된 조직을 따라 내수피內樹皮, inner bark로 싸인 뿌리로 이동한다. 또한 잎과 가지로부터 형성된 당분도 노란색으로 표시된 조직을 따라 내수피로 싸인 뿌리로 이동한다.

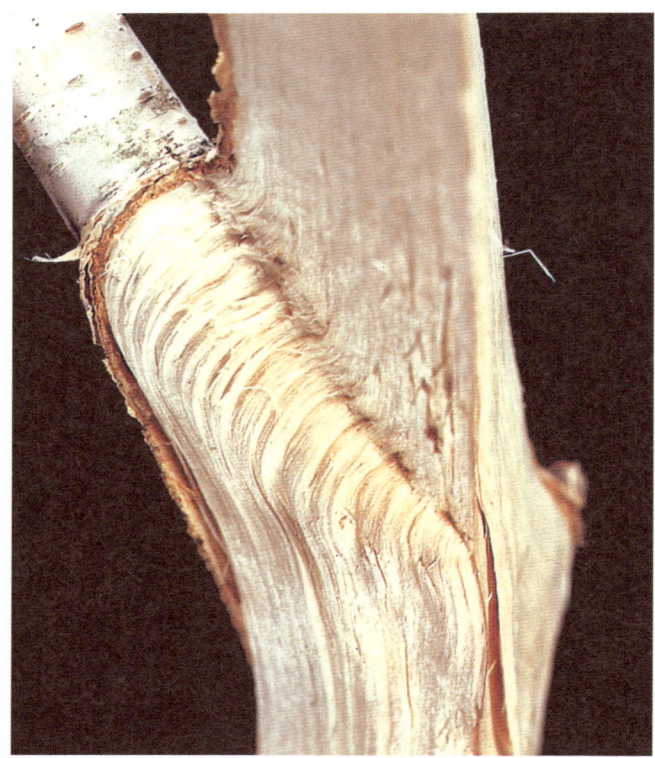

미국 뉴햄프셔주

나무의 깃

가지깃과 수간깃은 위 사진처럼 수간을 갈라보면 볼 수 있다. 가지깃과 수간깃을 통틀어서 가지깃이라고 부르기도 한다.
깃은 수피, 가지, 수간의 목재가 공존하는 장소이다. 깃은 '전환지대switching zone'의 조직처럼 생겼다.

미국 뉴햄프셔주

자연낙지 自然落枝, natural shedding

가지가 죽으면 수피나 가지의 목재 내에 많은 생물체들이 자란다. 이들이 수간 안쪽으로 자라는 경우는 드물다. 가지조직은 35페이지의 그림에서 붉은색으로 표시된 얇고 긴 조직에 의해 수간조직과 연결되어 있다.

가지가 죽고 나면, 수간깃이 가지의 기부 아래에 있는 가지조직의 가는 띠 위로 자라게 된다. 이렇게 되면 가지의 수피에 있던 생물체들은 수간과의 연결이 단절된다.

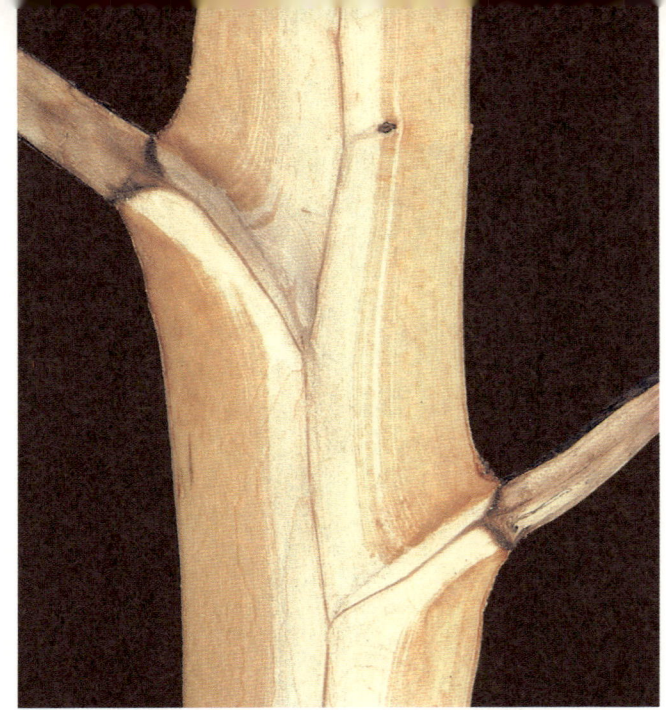

미국 뉴햄프셔주

미국 뉴햄프셔주

보호지대

보호지대는 가지의 기부 안쪽에 형성된다. 이 지대는 살아 있는 세포에 저장되어 있는 전분, 기름 등으로부터 만들어진 화학물질로 채워지며, 가지로부터 수간으로의 생물체의 확산을 막아낸다. 이들 화학물질은 활엽수hardwood의 경우 페놀계penol-based, 구과식물conifers, 주로 침엽수로, 솔방울, 잣송이와 같은 원뿔 모양의 열매를 맺는 식물의 총칭 의 경우 터펜계terpene-based이다.

수간조직에 둘러싸인 옹이 branch core

가지가 떨어지고 나면 목질의 옹이는 수간 안에서 수간조직에 둘러싸이게 된다. 부후는 건강한 목재 안으로는 확산되는 일이 거의 없다. 나무는 상처를 입거나 감염된 목부를 구획화한다. 구획화는 병원균의 확산을 막기 위해 경계선을 형성하는 나무의 방어과정이다. 이 경계선은 수액 이동, 에너지 비축, 그리고 나무의 기계적인 지지체계를 방어한다.

가지깃

가지깃은 가지의 기부 근처에 있는 살아 있는 세포로 된 목질의 고리이다. 전정할 때는 수령과 관계없이 나무의 깃이 상처를 받지 않도록 세심한 주의를 기울여야 한다. 수목의 모든 가지는 깃을 가지고 있다.

가지깃을 손상시키거나 제거하지 마라

어떤 나무의 가지깃은 옆 사진에서 보는 바와 같이 매우 크다. 같은 나무에서도 가지깃의 크기는 매우 다양하다.

올바른 전정 후에 남는 가지깃은 가지그루터기가 아니다. 올바른 전정에서의 절단은 가지깃을 기준으로 하는 것이며, 규정된 절단각도를 따라 절단하는 것이 아니다.

미국 메인주

오스트레일리아

미국 뉴햄프셔주

지피융기선 枝皮隆起線, BBR – branch bark ridge

지피융기선은 가지분기分岐, branch crotch, 가지가 갈라지는 곳에 형성되는 솟아오른 수피이다. 이것은 나무가 자라면서 수간에 남게 된다. 흰 자작나무의 지피융기선은 검게 보이는 선이다. 이 지피융기선은 수간에 대한 가지고갱이의 각도를 보여준다. 어떤 나무들 – 런던 플라타너스London plane, Smooth-barked Eucalyptus 수피가 부드러운 유칼리나무, 고무나무의 일종 – 은 지피융기선이 외수피外樹皮와 같이 떨어져 나간다. 그러나 톱니 모양의 자국이 지피융기선이 형성되었던 수간에 흔적으로 남아 있다.

미국 메인주

전정도구가 지피융기선 뒤에 위치하지 않도록 하라

가지그루터기를 남겨두지 마라. 위 사진처럼 붉은 선을 따라 절단하라. 가지분기에 있는 지피융기선의 뒤를 자르면 가지깃에 있는 보호지대를 파괴하게 된다.

자연표적전정* natural target pruning

지피융기선H과 가지깃E, B의 위치를 확인하라.

'예비절단stub cut, *큰 가지를 자를 때 절단부위가 가지의 무게 때문에 찢어지는 것을 방지하기 위해 절단부위 위쪽에서 가지를 잘라주는 것'를 하라F와 같이 아래에서 위로 일부 자른 다음, G처럼 위에서 아래로 완전히 절단.

가지가 깃과 만나는 지점인 A와 B의 위치를 확인하라.

조심스럽게 A에서 B로, 또는 B에서 A로 자른다.

만약 B지점이 불확실하면 마음속으로 A에서부터 E로 직선을 그으라.

각도 EAB와 각도 EAD는 거의 같다가지깃의 위치를 추정함.

점 D는 지피융기선H이 시작되는 곳이다.

올바른 절단은 상처부위가 1번 형태로 마무리될 것이다.

그릇된 절단은 2번, 3번, 4번 중 한 형태로 마무리될 것이다.

가지그루터기를 남겨두지 마라. 평절을 하지 마라.

상처부위를 도색하지 마라.

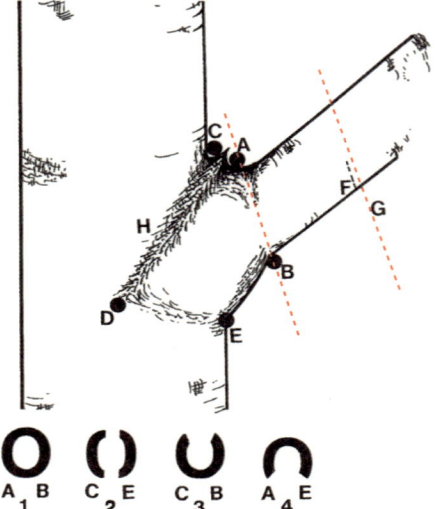

나무에 자연적으로 나타난 표적을 기준으로 전정하는 것.

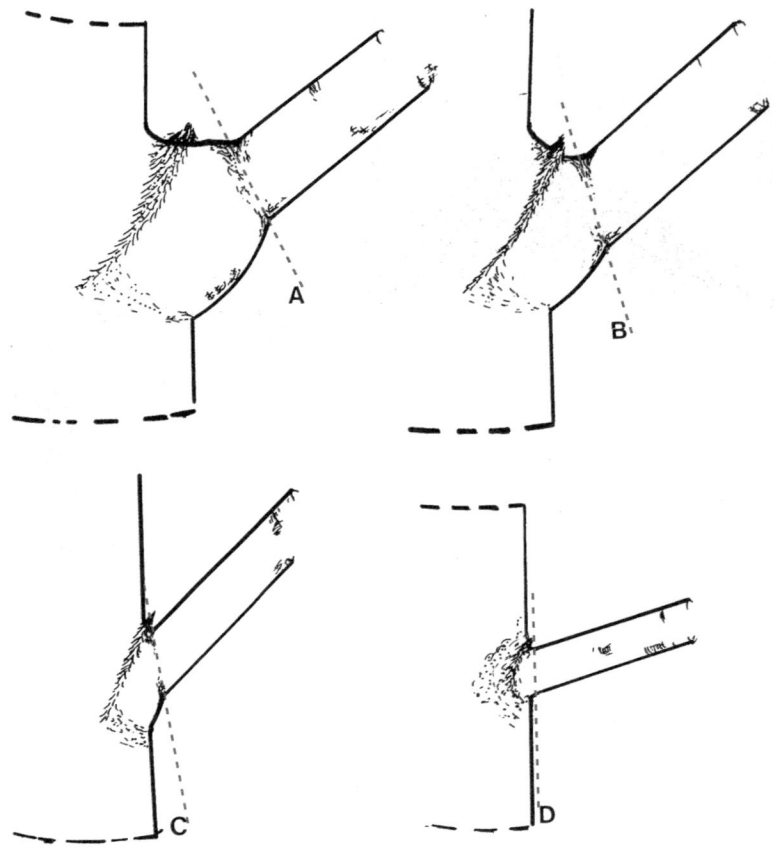

가지깃과 자르기 각도

살아 있는 가지의 올바른 전정은 가지깃에 가능한 한 가까이 자르는 것이다.
올바른 자르기를 위해 정해진 각도가 있는 것은 아니다.
위 그림에서 A, B, C, D 모두 올바른 자르기이다.

 |

미국 뉴햄프셔주 | 미국 뉴햄프셔주

올바른 나무전정

평평한 가지깃

구과식물은 종종 평평한 가지깃을 가지고 있다. 가지깃에 가까이 똑바로 자르는 것이 정확한 자르기이다. 측백나무류나 삼나무류의 경우, 살아 있는 가지가 가지깃 안쪽으로 함몰되어 있다. 이런 가지의 올바른 자르기는 가지깃의 기부까지 자르는 것이다. 이때 가지깃을 훼손해서는 안 된다. 하지만 우리는 이렇게 자를 수 있는 도구가 없다. 왼쪽 사진

올바른 자르기를 위해 규정된 각도는 없다

자르기의 올바른 각도는 가지깃에 의해 결정된다. 항상, 가지의 길이를 줄이는 예비절단을 먼저 한다. 생장기 직전에 자르기를 하면 수액이 흘러나올 수가 있다. 이 흘러나오는 수액은 나무의 방어체계의 한 부분이다. 자작나무나 단풍나무 등의 수액 유출을 피하기 위해서는 잎이 성숙한 직후에 전정을 해야 한다. 대부분 나무의 전정 최적기는 휴면기 후반이나 잎이 형성된 직후이다. 가능하면 잎이 형성되고 있는 중이거나 잎이 떨어질 때는 전정하지 마라. 만일 올바른 자르기를 한 부분이 감염되면 병원균이 잘린 부분 아래에 있는 목부의 작은 띠strip로 퍼지게 될 것이다. 이는 느릅나무 마름병Dutch elm disease, 참나무시듦병oak wilt, 불마름병fire blight을 유발한다. 오른쪽 사진

새살고리 woundwood ring

올바른 자르기를 한 주변에는 고리 모양의 새살이 생긴다. 새살은 자른 면 전체 조직의 상하에서 형성된다. 따라서 새살의 고리가 형성되도록 자르기를 해야 한다.

유상조직癒傷組織, callus, *식물체에 상처가 났을 때 상처를 봉합하기 위해 생기는 조직은 리그닌이 거의 없는 미분화된 조직이다.

상처가 나면 유상조직이 상처 주변에 형성된다. 그 후 상처를 감싸는 커다란 목질의 띠rib가 형성된다. 이 목질의 띠가 새살이다. 왼쪽 사진

새살과 그릇된 자르기

옆의 사진에는 그릇된 자르기를 하여 새살이 가장자리에만 형성되어 있다. 잘린 부분 상하의 살아 있는 조직은 죽어가고 있다. 일반적으로 새살은 수피 아래에서 어느 정도 시간이 지난 후 형성된다. 잎이 형성 중이거나 잎이 질 때는 사소한 전정의 실수도 나무에게는 중대한 상처가 될 수 있다. 오른쪽 사진

미국 미주리주 | 덴마크

한국

올바른 나무전정

타원형의 새살

긴 타원형의 새살이 오래 전의 그릇된 자르기를 보여주고 있다.
그릇된 자르기를 한 후에는 부후가 급속히 진행된다. 곰팡이 자실체子實體,
버섯 형태를 띠고 있음 를 제거하더라도 부후의 진행을 중단시키지는 못한다.
부후부위의 최대 지름은 상처가 감염되었을 당시 그 나무의 지름이다.

미국 미주리주

그릇된 자르기의 내부 모습

그릇된 자르기는 가지깃과 가지의 보호지대를 제거하고 수간을 손상시킨다. 나무가 지구상에서 수억 년을 살아오는 동안, 전정도구와 나무에 대한 이해가 빈약한 인간이 나타나기 전까지는 이런 형태의 상처를 경험한 적이 없다.

올바른 나무전정

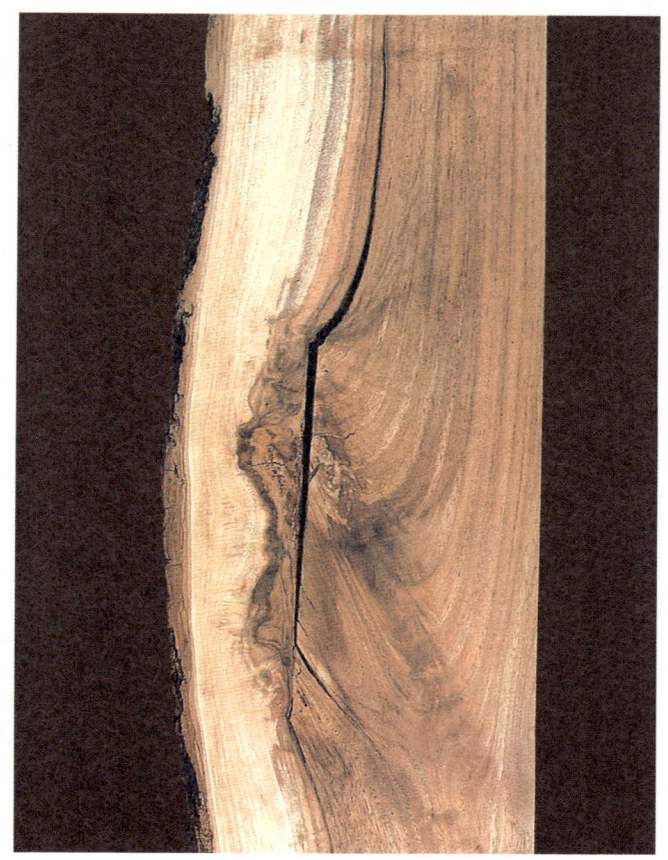

미국 일리노이주

그릇된 자르기에 의한 문제

그릇된 자르기에 의해 생긴 상처가 봉합되더라도 부후와 균열은 계속 진행될 수 있다. 균열과 부후가 있는 나무는 고품질의 목재가 될 수 없다. 또한 균열과 부후는 나무를 약화시키고, 위해한 나무로 만든다.

미국 워싱턴주 | 사진 내 : 마이클 슈나드

올바른 자르기의 내부 모습

올바른 자르기를 한 히말라야시다Deodar Cedar의 9년 후의 모습.
착색된 중심부가 전정 당시의 나무 지름이다.
상처는 봉합되었고, 병원체는 구획화되었으며, 부후나 균열은 진행되지 않았다. 자연표적전정은 큰 가지와 작은 가지에 모두 적용된다.

미국 뉴햄프셔주

소나무 전정의 비교

위 사진은 전정 1년 후의 미국 적송Red Pine, 왼쪽과 스트로브잣나무White Pine, 오른쪽을 절개한 것으로, 두 표본의 왼편은 그릇된 자르기를, 오른편은 올바른 자르기를 한 것이다. 침엽수의 옹이는 가지가 살아 있을 동안에는 보호성 수지물질로 채워져 있다. 그릇된 자르기를 한 부분은 살아 있는 세포를 가진 수간의 목재가 노출되어 있고, 보호성 물질로 채워져 있지 않다.

미국 메인주

참나무 전정의 비교

위 두 표본은 같은 루브라참나무Red oak에서 나온 것으로, 절개하기 6년 전에 같은 크기, 같은 연령의 가지를 잘라내었다. 그릇된 자르기를 한 왼편은 새살이 크게 퍼져 있고 부후 부위가 넓다. 반면, 올바른 자르기를 한 오른쪽 표본에는 부후가 진행되지 않았다. 새살의 고리가 형성되었고, 나무에 서식하는 생물체들은 구획화되었다.

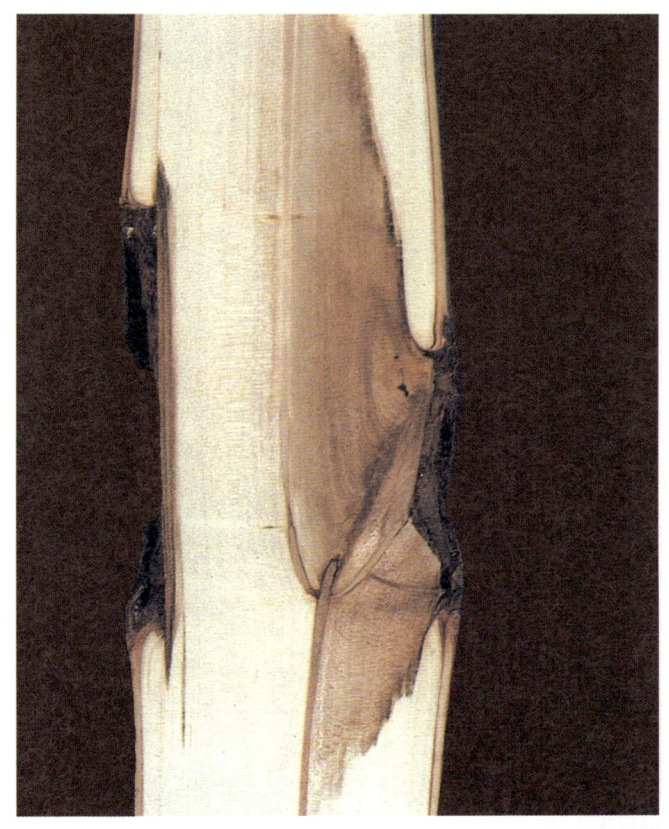

미국 메인주

평절이 나무를 훼손하는 이유

평절은 가지깃과 가지보호지대를 형성하는 목재를 제거하는 그릇된 자르기이다. 평절은 수간의 목재를 감염에 노출시킨다. 실험의 목적으로 낸 왼쪽의 수간 상처는 면적으로는 오른쪽의 평절보다 훨씬 넓다. 그러나 평절은 나무의 주요 방어체계를 파괴시킨다.

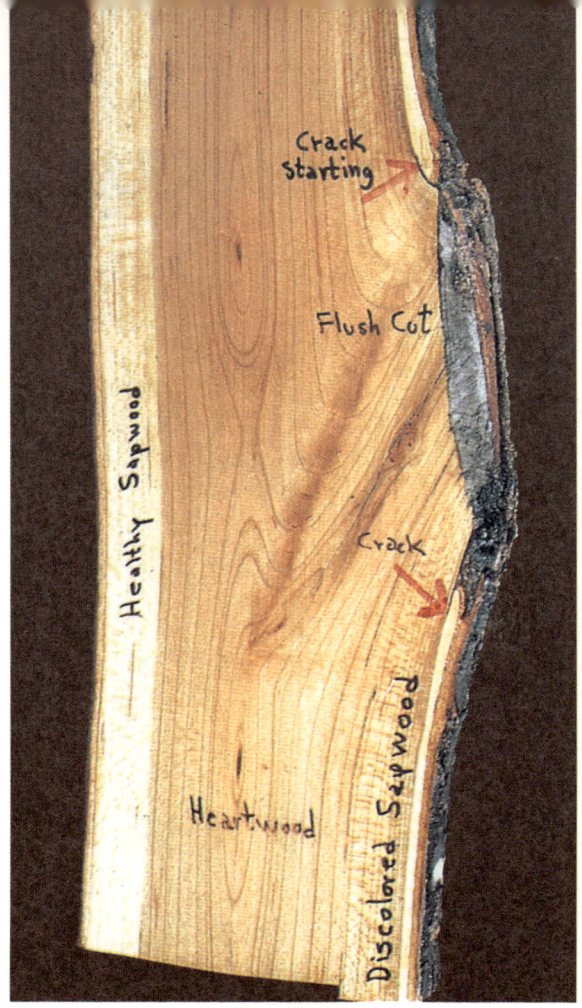

미국 메인주

평절과 약한 방어능력

위의 벚나무 표본에서 평절 부위 상하에 하나의 건강한 나이테를 볼 수 있다. 그 나이테는 생장기가 끝날 때까지는 에너지 비축을 하지 않기 때문에 허약한 방어체계를 가지고 있다. 해충이나 미생물이 가끔 약한 나이테를 공격하며, 기온의 급작스러운 변화가 약한 나이테에 균열을 가져올 수 있다.

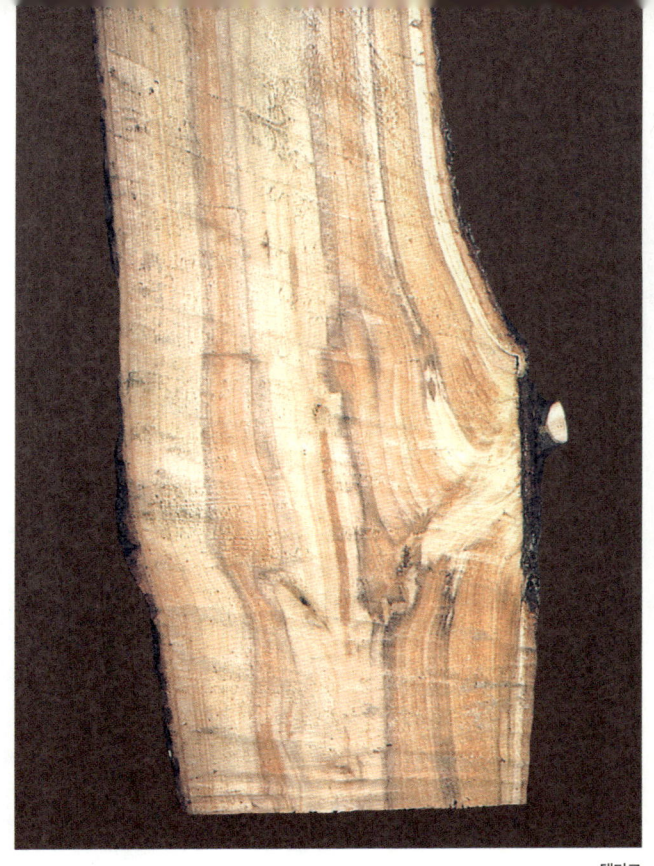

덴마크

평절과 변재 감소

위 사진의 노르웨이 가문비나무 표본을 보면, 8년 전 평절을 한 오른편의 상처 상하 부위에 얇은 폭의 건강한 변재가 있다. 반면 왼편에는 넓은 폭의 건강한 변재가 있다. 평절 부위 상하의 목재에 부후가 보인다. 평절 부위 상하의 변색되고 부후된 목재는 자르기가 행해진 시점을 보여주고 있다. 병원체 病原體, pathogen는 자르기 시행 이후 형성된 목재의 내부로는 확산되지 않았다.

오스트레일리아

평절과 해충 문제

해충은 자르기를 한 부위 상하의 살아 있지만 약한 부위에 침입한다. 평절과 등반용 스파이크에 의한 상처, 특히 잎이 형성되고 있는 시기에 생긴 상처는 나무에 심각한 병느릅나무마름병, 참나무시듦병 등을 유발하는 미생물을 운반하는 해충을 유인한다. 이러한 잘못된 작업을 중단함으로써 감염을 크게 줄일 수 있다. 느릅나무나 참나무는 생장 초기에는 전정하지 않도록 한다.

평절과 죽은 반점

죽은 반점들은 어린 나무에 평절이 일시에 많이 가해질 때 나타난다. 서리와 열기가 평절로 인한 상처인 균열, 죽은 수피, 죽은 뿌리 등의 원인으로 비난을 대신 받기도 한다. 양묘장에 있는 나무들은 수간의 몸통을 키우기 위해 낮은 가지를 많이 달고 성장한다. 판매할 시기가 다가오면 낮은 가지들은 제거된다. 수직선 상의 가지를 정리할 때 평절을 많이 하면 나무에게 심각한 상처가 된다. 왼쪽 사진

평절과 균열

긴 균열이 서리 때문이 아니라 평절 때문에 시작되었다.
평절을 한 후 수피가 갑작스런 더위나 추위에 노출되면 쉽게 갈라지게 되어 내부로부터 균열이 시작된다. 더위나 추위가 중요한 요인이지만 이들은 1차적인 요인이라기보다 2차적인 요인이다. 오른쪽 사진

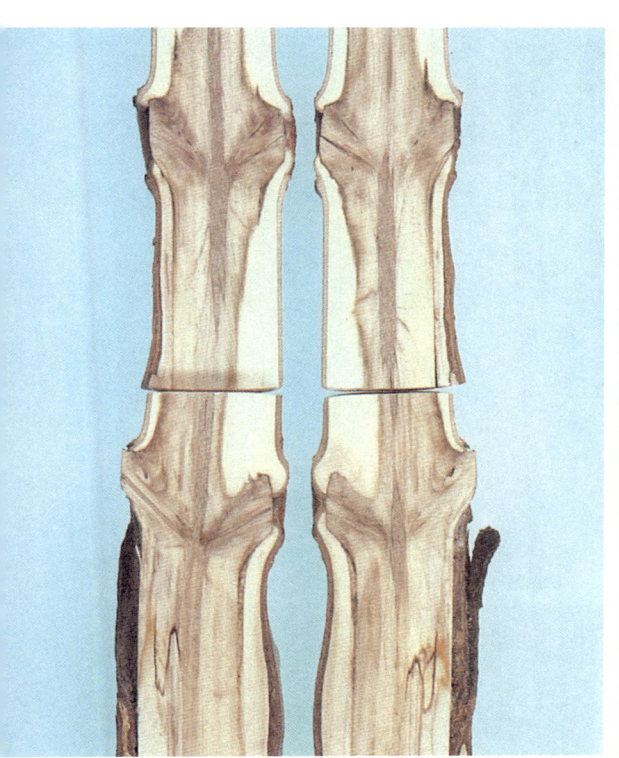 

미국 뉴햄프셔주 | 미국 메인주

미국 캘리포니아주

미국 플로리다주
사진 내 : 로버트 카일

평절과 피소 皮燒, heat injury

수피의 상처는 평절 때문에 생기는 것이지 더위 때문에 생기는 것은 아니다. 날씨의 더위, 추위, 가뭄 등 여러 요인들이 평절에 의해 약해진 조직의 건조나 고사, 균열 등을 가속화시킬 것이다.

평절과 뿌리 문제

두 번째 사진에서 살아 있는 참나무의 평절 부위의 상하에 있는 함몰된 부분은 많은 생물체들이 공격할 수 있는 곳이다. 이렇게 약해진 조직은 뿌리까지 연장되어 뿌리에 병을 유발할 수도 있다. 어떤 병원체는 약한 조직에서 매우 빨리 퍼져서, 병원체가 문제의 1차적인 원인으로 여겨지기도 한다. 곰팡이 중에서 Hypoxylon 속과 Nectria 속에 속하는 종種이 좋은 예이다. 이들은 살아 있지만 방어체계가 아주 약한 조직에 급속하게 확산된다.

평절과 궤양

궤양은 평절 이후에 자주 발생한다. 복숭아나무를 올바르게 전정한 후에 Cytospora 궤양병의 발생이 현저히 줄어들었다. 올바른 전정은 다른 여러 병원체에 의한 궤양 발생도 현저히 줄일 수 있다. 왼쪽 사진

평절과 맹아지* 萌芽枝, sprout

평절 이후 가끔 맹아지가 과도하게 발생한다. 어린 나무에 평절을 실시하면 나무가 생명을 유지하기 위해 잠아潛芽, dormant bud, *자라지 않고 휴면상태로 남아 있는 눈를 움직이기 시작한다.

평절은 절단부위 상하의 조직을 약화시킨다p. 58 참조. 맹아지는 나무의 에너지 비축이 감소될 때 형성된다. 맹아지는 나무에 에너지 비축을 회복하려는 비상 체계이다. 그늘진 곳에서 발생한 맹아지는 나무에 에너지를 회복시키지 못하고 죽는다.

어떤 나무는 올바른 자르기를 한 경우에도 맹아지를 많이 만든다. 맹아지의 발생을 줄이기 위해서는 새로운 잎이 형성되고 난 후에 올바른 자르기를 해야 한다. 오른쪽 사진

잠아에서 나오는 가지의 총칭. 잠아는 정상적인 상태에서는 그대로 있다가 줄기가 굵어지면서 나무 속으로 묻히기도 하지만, 햇빛에 노출되거나 전정 등으로 자극을 받으면 이 눈이 움직여 가지를 만든다. 이때 발생하는 가지를 맹아지라고 한다.

미국 콜로라도주

미국 캘리포니아주

미국 뉴햄프셔주

죽은 가지

죽은 가지나 죽어가는 가지는 가지의 기부에서 살아 있는 목재의 고리에 가능한 한 가깝게 자르도록 한다. 주의할 점은 살아 있는 조직을 훼손해서는 안 된다.

스웨덴

절단 부위 도려내기

평절 부위 상하의 살아 있는 수간조직을 도려내지 않도록 한다. 그러면 치료 여부와 관계없이 부후가 빠른 속도로 진행될 것이다.

상처 부위를 도려낼 필요가 있을 경우에는 가능한 한 얕게 잘라야 한다. 상처를 키우지 말고 상처 부위의 양끝을 뾰족하게 만들지 않도록 주의하라. 세로로 긴 타원형으로 도려낼 필요는 없다.

모든 가장자리는 평탄하고 둥글게 만들도록 한다.

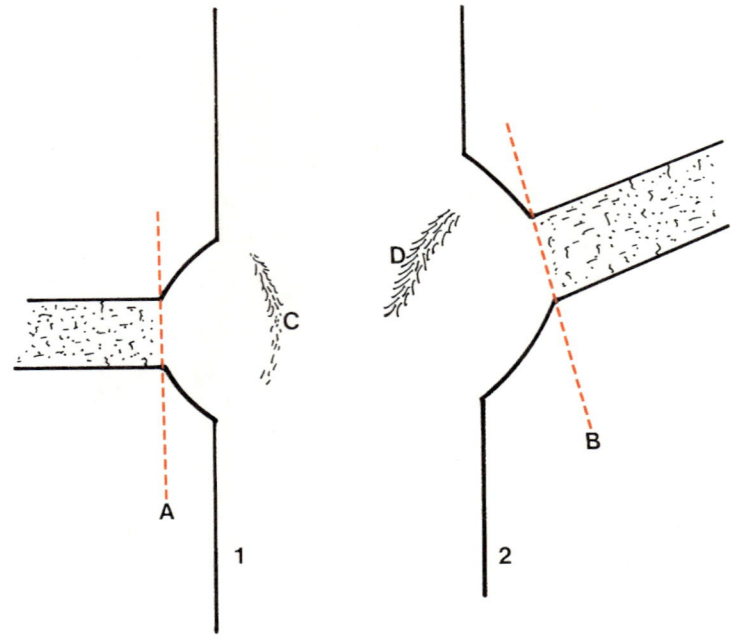

죽은 가지의 올바른 제거

죽은 가지를 제거하기 위해서는 가지에 붙어 있는 건전한 목재의 고리에 가능한 한 가까이 잘라준다1A는 침엽수, 2B는 활엽수의 예. 가지가 죽고 나면 지피융기선의 형성은 중단된다C와 D. 죽은 가지에 붙어 있는 건전한 목재의 고리는 매우 클 수도 있으며, 매우 작아서 평평할 수도 있다.

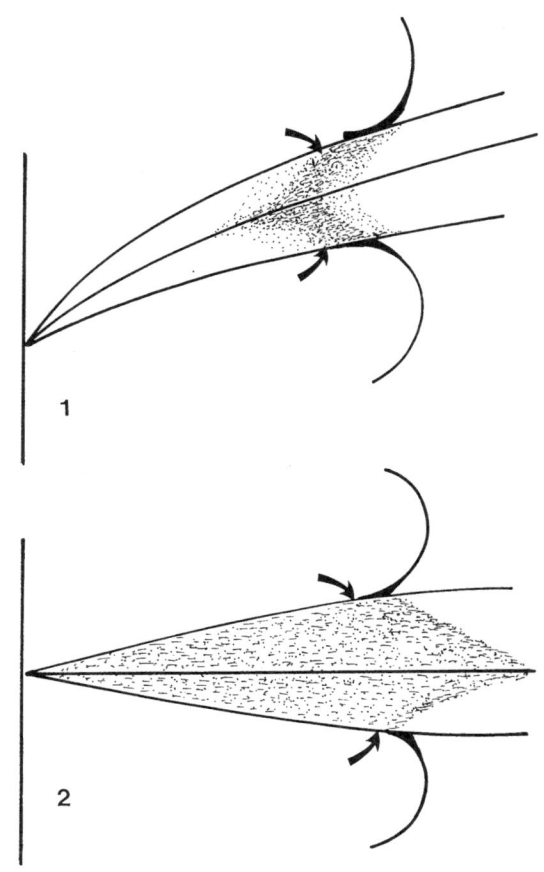

죽은 가지의 내부 모습

1. 활엽수의 가지보호지대화살표
2. 침엽수의 수지가 스며든 보호지대화살표. 이 보호지대는 가지그루터기로 확산될 수도 있다.

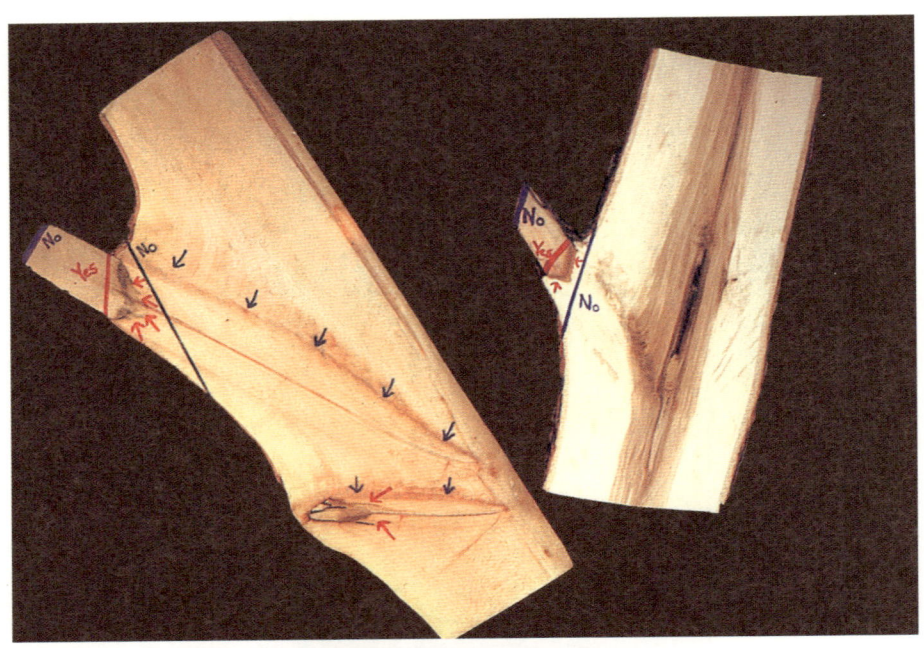

미국 메인주

미국 뉴햄프셔주

가지보호지대를 제거하지 마라

가지보호지대가 제거되면, 병원체가 빠르게 나무 내부로 퍼진다.
상처를 받거나 감염이 되고 나면 나무는 경계선을 형성한다.

경계선을 파괴하지 마라

옆 사진에서 올바른 자르기는 Yes선을 따라 자르는 것이다. No선을 따라 잘못 자르면 부후한 목재를 에워싸고 있는 경계선을 파괴하게 된다.
만일 지금 부후한 곳이 속이 비어 물이 고이더라도 물을 빼기 위해 구멍을 뚫지 마라. 물은 부후를 유발하지 않는다. 물을 뽑아내고 공동空洞, cavity을 채우는 작업을 하더라도, 치료 중에 경계선을 다치게 해서는 안 된다.

 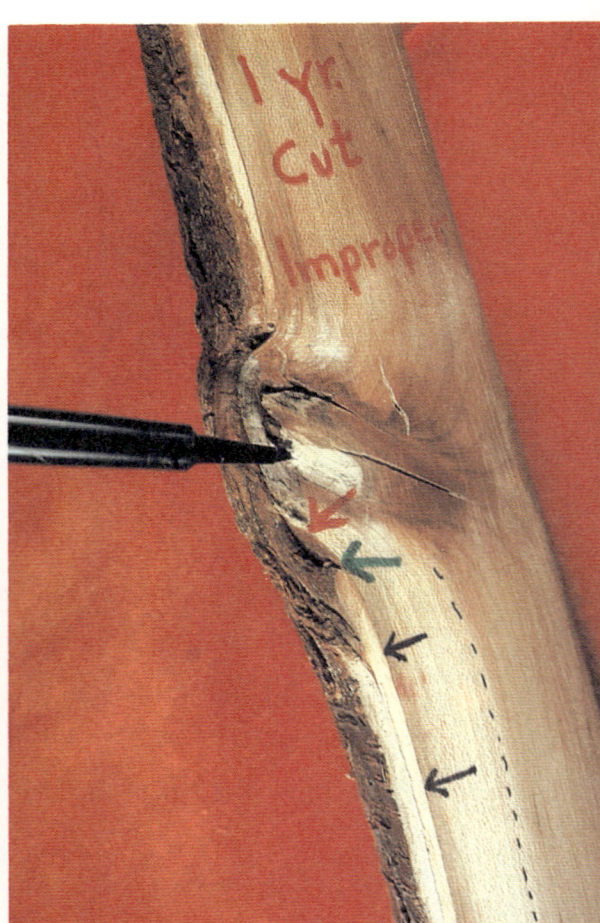

미국 뉴햄프셔주 | 미국 메인주

죽은 가지와 변색된 목재

참나무에서 죽은 가지와 연결된 탈색된 목재는 아래쪽으로만 전개되어 있다. 변색된 목재는 가지가 죽었을 당시의 목재에 퍼져 있다. 병원체는 변재와 심재心材, heartwood, *줄기의 안쪽에 있는 착색된 목부조직으로, 죽은 세포로 이루어져 있음 로 자유롭게 확산되지 않는다. 가지가 죽은 후에 형성된 건전한 심재에 주목하라. 심재부후心材腐朽, heartrot라는 개념은 병원체가 심재 내에 자유롭게 확산된다는 것을 의미한다. 왼쪽 사진은 그 상태는 아니다. 왼쪽 사진

죽은 가지와 붙어 있는 살아 있는 목재는 제거하지 마라

오른쪽 사진의 벚나무에서, 죽은 작은 가지에 붙어 있는 살아 있는 목재의 고리가 사진 촬영 1년 전에 제거되었다. 점선은 그 가지가 제거되기 전에 변색된 목재의 경계를 보여준다. 붉은 화살표가 자르기의 크기를, 녹색 화살표는 마름현상dieback, 가지의 끝이 말라 죽는 현상 을 보여준다. 검은 화살표는 자르기 이후에 형성된 변색된 목재를 보여준다.

가지가 죽은 뒤의 부후 유형 A와 B

가지가 죽고 난 후의 부후 진행에는 A, B, C의 세 가지 유형이 있다.
A. 부후는 가지보호지대 밖으로 확산되지 않는다. 왼쪽
B. 부후가 가지고갱이 안으로 확산되기 시작한다. 오른쪽

가지가 죽은 뒤의 부후 유형 C

C. 가지가 죽을 당시의 수간의 목재로 부후가 확산된다.

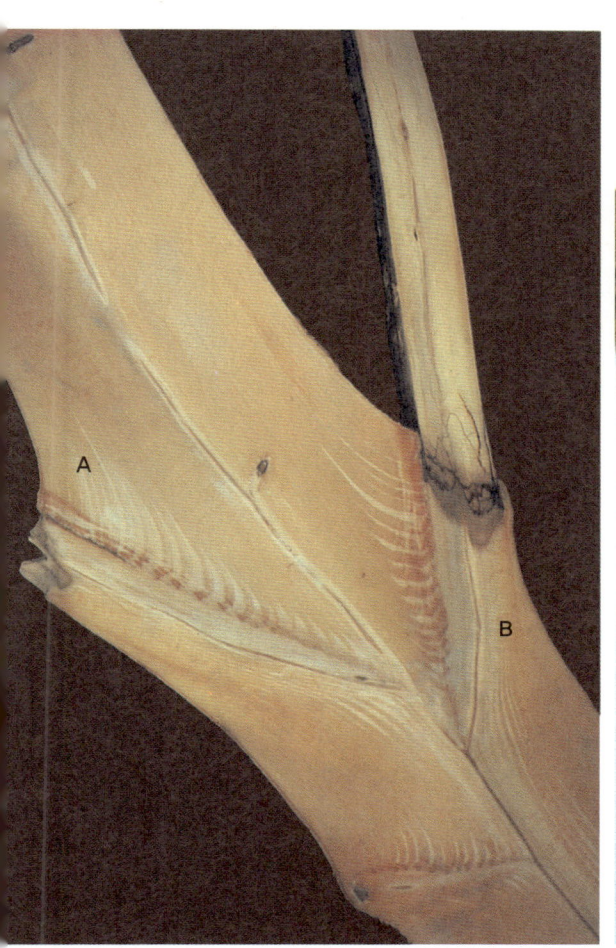

미국 메인주 | 이탈리아

가지가 죽은 뒤의 부후 유형
A, B, C와 평절 뒤의 부후 유형 D

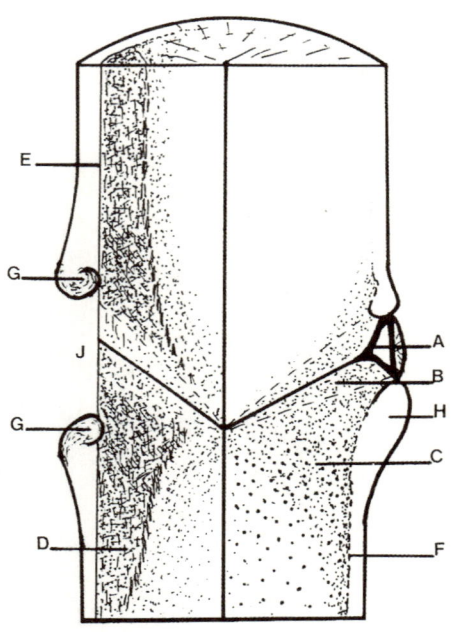

A. 가지보호지대

올바른 자르기를 하거나 작은 가지가 죽으면 부후가 가지보호지대를 넘어서 확산되는 경우는 드물다.

B. 옹이

가지그루터기가 남아 있거나 중간 크기의 죽은 가지가 나무에 그대로 있으면 부후는 옹이 안으로 퍼질 수 있다. 옹이는 수간 내에 있는 원뿔형의 가지조직이다.

C. 수간 감염 trunk infection

큰 가지그루터기나 죽은 가지가 나무에 남아 있으면 부후는 그 가지가 죽을 당시의 수간조직 속으로 퍼질 수 있다.

D. 평절과 부후

평절J은 가지보호지대를 만들어내는 조직을 제거한다. 이러한 자르기는 그 가지 상하의 수간을 훼손한다. 부후는 빠른 속도로 수간 속까지 확산된다D. 방벽지대E와 F는 감염된 목재와 자르기 이후 계속 만들어지는 건전한 목재를 분리시킨다. 올바른 자르기에 의해 생긴 새살H은 안쪽으로 말리지 않는다. 평절에 의해 생긴 새살G은 안으로 말려 들어가서 수직적인 균열을 유발한다. 그 균열은 극단적인 기후가 되면 바깥쪽으로 분리될 수도 있다.

죽은 가지의 제거는 위생적이고 안전한 치료이다

경계선은 병원체의 확산을 저지할 뿐, 중단시키지는 못한다.
죽어가는 가지나 죽은 가지를 제거하는 것은 수간 내부로 퍼질 수 있는 병원체의 영양분 공급원을 없애는 것이다.

미국 뉴햄프셔주

살아 있는 가지그루터기를 남겨두지 마라

살아 있는 가지그루터기는 방어체계가 없다.
수많은 생물체가 죽어가는 조직을 공격하고 나무 속으로 확산된다.
사람이나 나무에게 최악의 문제는 살아 있긴 하지만 방어체계가 없는 것이다.
나무에게 이런 짓을 해서는 안 된다.

올바른 나무전정

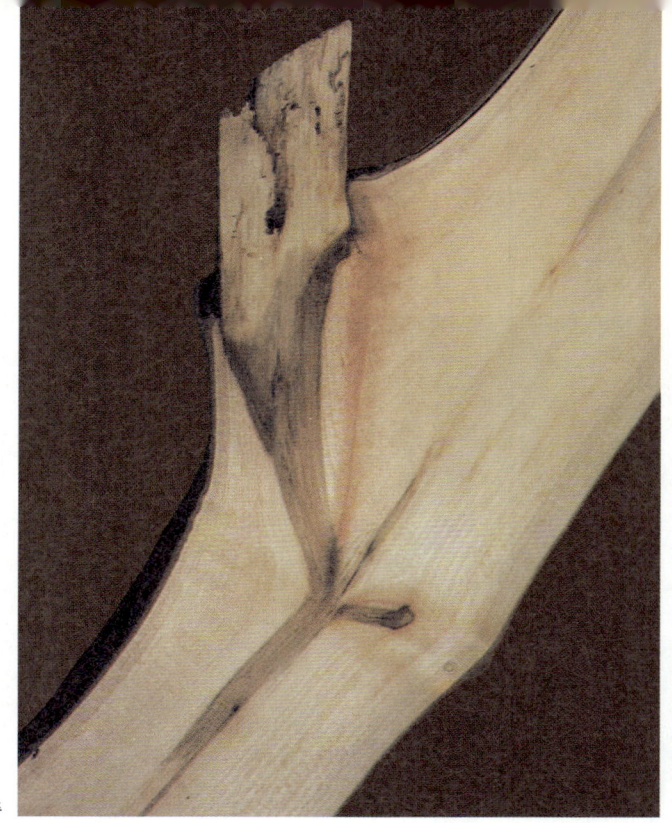

미국 뉴햄프셔주

죽은 가지그루터기를 남겨두지 마라

죽은 가지그루터기는 나무 속으로 침투할 수 있는 미생물과 해충에게 영양분과 피난처를 제공한다. 죽은 가지그루터기가 남아 있으면 가지그루터기 기부의 살아 있는 목질 고리에 가능한 한 가까이에서 잘라서 제거한다.

자연적인 산림에서는 대부분의 가지는 작을 때 서서히 죽는다. 그래서 가지보호지대가 형성될 시간이 있다. 큰 가지가 잘리고 가지그루터기가 남으면 가지보호지대는 생물체가 가지그루터기를 통해 내부로 침투될 때 동시에 형성된다. 올바른 전정은 가지그루터기를 남기지 않으며, 가지보호지대가 형성될 시간을 준다. 가지깃은 가지그루터기가 아니다.

덴마크 | 사진 내 : 닐즈 흐바스

올바른 나무전정

유상조직의 혼동

옆 사진의 마로니에에는 새살의 큰 고리 뒤에 부후된 커다란 주머니가 있다. 유상조직은 리그닌이 거의 없는 분화되지 않은 조직이고, 새살은 리그닌을 가진 분화된 조직이다.

새살유상조직을 상처가 치유되는 징후로 오인하는 것이 수세기 동안 전정의 역사에서 중요한 문제 중의 하나였다. 사람들은 큰 유상조직은 강한 회복을 의미한다고 생각했다.

이 때문에 큰 유상조직이 형성되도록 가지깃을 잘랐다. 수세기 동안 사람들은 가지보호지대에 대해 알고 있었지만, 그들은 여전히 상처가 아무는 데는 유상조직이 더 중요하다고 생각했다. 그리고 가지깃을 자르면 부후가 급속히 진행된다는 것도 알고 있었다. 당시 사람들은 아직 나오지는 않았지만 마법적인 상처도포제가 부후를 막을 수 있을 것으로 생각했다. 유상조직이라고 불리는 것이 사실은 새살이다.

미국 캘리포니아주 | 스웨덴

새살과 부후곰팡이*rot fungus

왼쪽의 해홍두海紅豆, coral tree, 인도산 콩과식물 사진에는 부후곰팡이의 자실체가 커다란 새살고리 뒤에 그 전부터 부후가 있었음을 보여준다.

사람들은 여전히 나무는 치유되고 있으며 유상조직이 치유의 징후라고 믿고 있다. 치유란 같은 공간에서 이전의 건강한 상태로 조직이 회복되는 것을 말한다. 그러나 나무는 그렇지 않다. 나무는 상처를 받을 때마다 감염된다.

나무는 감염을 피할 수 없다. 다만 나무는 감염 부위를 에워싸거나 구획화한다.

부후를 일으키는 곰팡이.

새살과 공동空洞

커다란 새살고리에 큰 공동이 있는 것은 규모가 큰 평절에 기인하는 경우가 많다. 공동이 계속 깊어지고 있는 중에도 같은 사람이 평절을 계속하는 경우가 흔하다.

공동을 청소할 때 경계지대를 파괴해서는 안 된다.

상처도포제는 부후곰팡이를 보호한다. 상처에 의해 노출된 목재는 살균을 하거나 살균된 상태로 유지할 수가 없다. 따라서 나무조직을 자를 때 도구를 소독할 필요가 없다. 불마름병에 걸린 나무의 비非목부조직non-woody tissue을 자를 때는 도구를 소독해야 한다. 도구는 알코올이 아닌 가정용 표백제로 소독하라.

봉합 직전의 상처

큰 새살에 의해 상처가 봉합된 것처럼 보인다. 그러나 상처에서 흘러나오는 액체가 내부에 문제가 있음을 나타낸다. 봉합 직전의 상처는 많은 생물체에게 살기 좋은 환경을 만들어준다. 왼쪽 사진

새살, 봉합과 경계선

새살이 상처를 봉합하고 내부의 보호경계선이 튼튼하면 부후가 진행되더라도 벽으로 에워싸여 구획화된다.
사람이 '치유'를 한다면 나무는 '구획화'를 한다. 사람은 감염으로부터 벗어날 수 있다. 그러나 나무의 상처와 감염은 나무가 살아 있는 동안 계속될 것이다. 오른쪽 사진

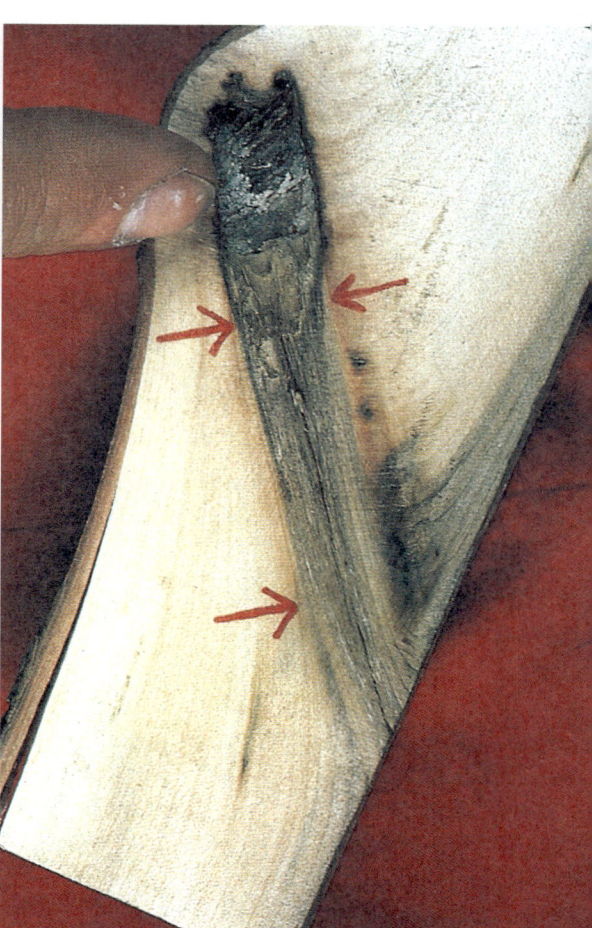

독일 | 미국 뉴햄프셔주

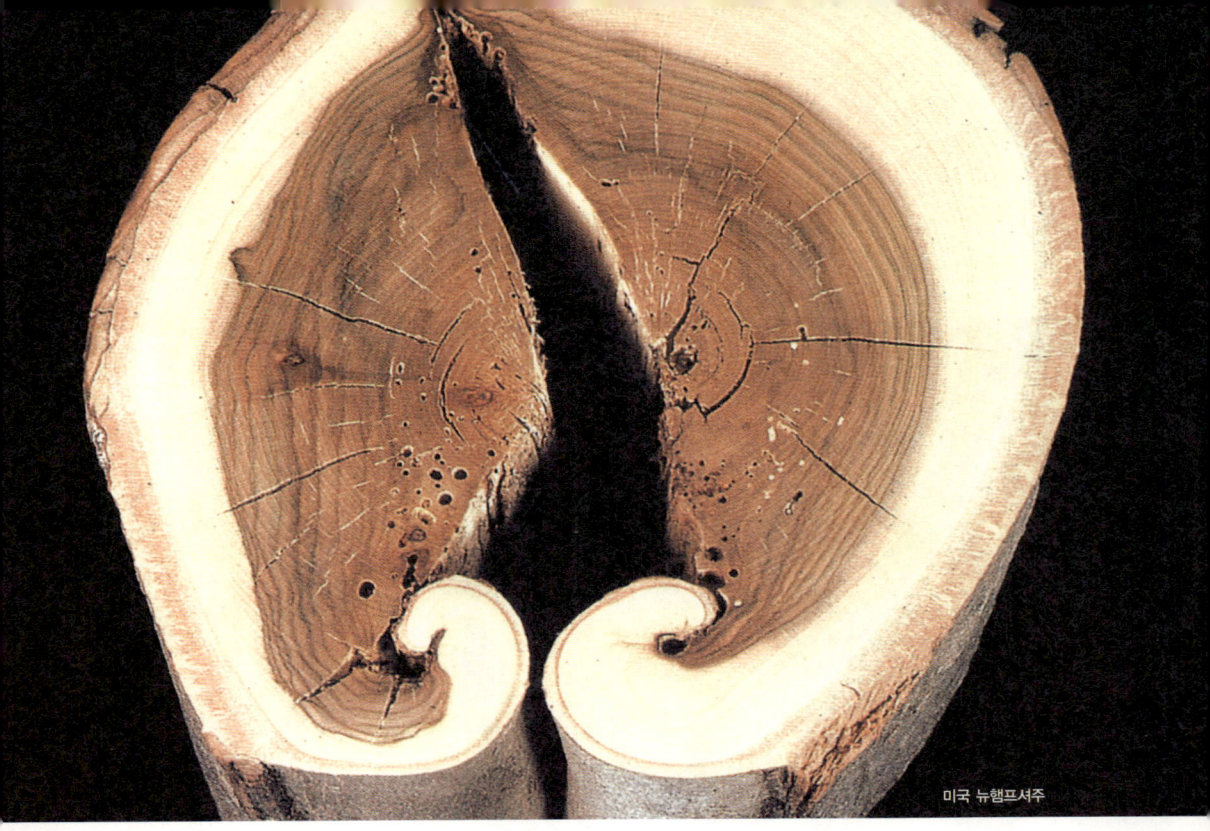

미국 뉴햄프셔주

새살과 문제점

새살이 빨리 자라서 안쪽으로 말리면숫양의 뿔처럼 상처는 절대 아물지 않는다. 새살이 안쪽으로 말리면서 가끔 내부에 균열이 생긴다. 평절과, 상처도포제 중 많은 종류가 빠른 새살 형성을 촉진하여 새살이 안쪽으로 말려서 생기는 문제를 유발한다.

올바른 나무전정

미국 메인주

새살과 부후

부후는 상처가 생긴 당시의 목재에 발생한다. 새살은 상처가 발생한 후에 형성된다. 위의 표본들은 모두 하나의 단풍나무인데, 새살이 모든 상처에서 같은 크기로 생겼다. 그러나 각각의 상처 뒤쪽의 부후 정도는 다르다. 부후의 진행과 새살의 형성은 각각 다른 과정이다.

미국 워싱턴주

동일 세력 줄기 codominant stem

동일 세력 줄기는 같은 지점에서 같은 세력으로 자라는 또 다른 줄기, 즉 갈라진 줄기이다. 동일 세력 줄기는 가지와 달리 보호지대를 형성하는 깃이 없다. 수피융기선樹皮隆起線, stem bark ridge이 줄기 사이에 형성된다. 사진에서 보는 것처럼 수피융기선이 위쪽을 향하고 있으면 줄기 간의 각도와 관계없이 줄기 사이의 결합이 강하다.

올바른 나무전정

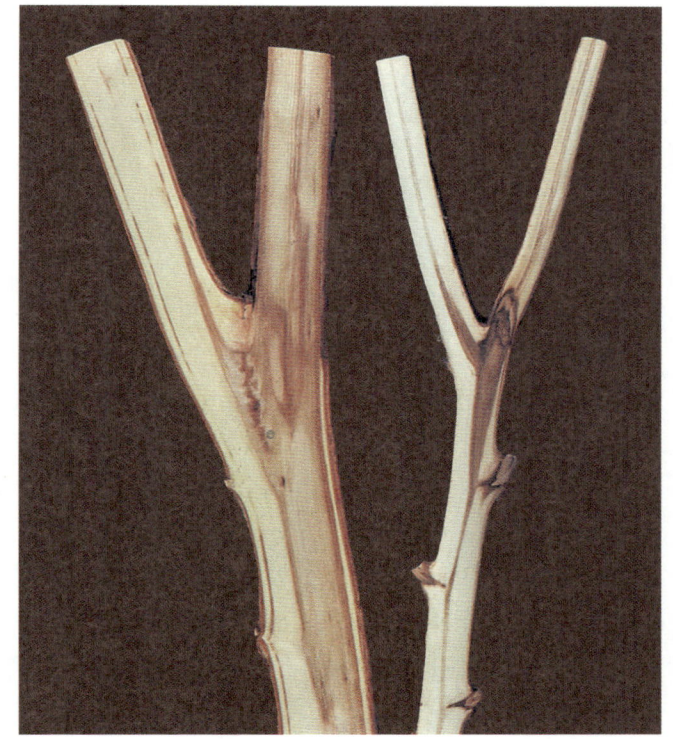

미국 뉴햄프셔주

동일 세력 줄기와 감염

동일 세력 줄기가 감염되면 방어경계선이 병원체의 수간 안으로의 확산을 저지한다. 오른쪽 나무는 느릅나무마름병을 일으키는 곰팡이가 수간 내에서 차단되어 있다. 왼쪽 나무는 동일 세력 줄기 중 오른편 가지가 동일한 곰팡이에 감염되었다. 곰팡이는 줄기가 죽을 당시의 수간조직으로 퍼졌다. 그러나 곰팡이가 수간의 왼편으로 확산되지는 않았다.

약한 결합을 가진 동일 세력 줄기

수피융기선이 안쪽으로 향하거나 줄기 사이에 균열이 있으면 줄기의 각도와 관계없이 결합이 약하다. 줄기 사이의 결합이 약한 나무는 사서는 안 된다. 줄기의 각도만으로 결합의 강약을 나타내지는 못한다. 그러나 줄기가 서로 근접하여 자라서 갈라진 부위가 좁으면 수피가 안으로 파묻히고 결합이 약할 가능성이 높아진다.

이탈리아

오스트레일리아

동일 세력 줄기와 균열

동일 세력 줄기 사이의 균열은 나무가 약하다는 증거다. 어린 나무에서는 둘 중 하나는 제거해야 한다. 아니면 하나를 다른 하나보다 더 많이 전정해야 한다. 더 많이 전정한 줄기는 천천히 자라게 되고, 다른 줄기는 깃을 형성하게 될 것이다. 오래된 나무는 전문가가 줄기에 쇠조임을 할 수 있을 것이다. 쇠조임을 할 수 없을 때에는 나무를 제거한다.

캐나다

균열과 위해 危害, hazard

크고 깊은 균열이 있는 나무는 전문가에 의해 제거되어야 한다.
균열은 나무가 위해하게 되는 주된 원인이다.

동일 세력 줄기에 대한 올바른 전정

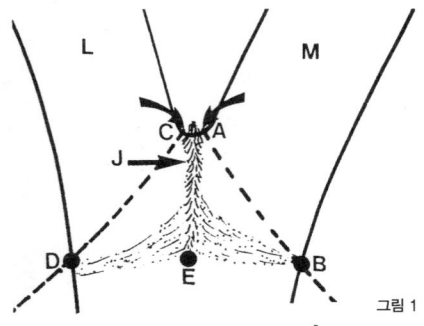

그림 1

1. 줄기 L을 제거하기 위해서는 조심스럽게 C에서 D로 또는 D에서 C로 잘라라. 줄기 M을 제거하기 위해서는 조심스럽게 A에서 B로 또는 B에서 A로 잘라라. 항상 예비절단을 먼저 한 다음 조심스럽게 최종 자르기를 하라.

   점 D와 B는 점 E를 기준으로 대응된다. 점 E는 수피융기선 J의 시작 지점이다. 점 C는 왼쪽 수피융기선, 점 A는 오른쪽 수피융기선에 속한다. 절대로 두 줄기를 모두 제거해서는 안 된다.

2. 그림 1처럼 수피융기선의 수피 조각이 위쪽으로 향하면 줄기의 결합은 강하다. 그림 2의 K와 같이 수피가 줄기 사이에서 안으로 향하면 줄기의 결합은 약하다.

   줄기의 강약을 결정하는 것은 각도보다 줄기의 결합이다. 강한 결합은 언제나 U자형의 분기分岐, crotch이다.

   그림 2에서 줄기 N이 줄기 O를 감싸기 시작했다. 두 줄기는 만나는 지점 K에서 각각의 수피를 가지고 있다. 이같이 두 줄기 사이의 수피를 매몰埋沒된 수피라고 부른다.

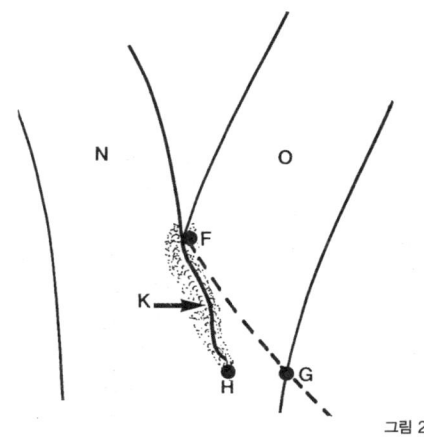

그림 2

이 상태를 바로잡는 데는 3가지 방법이 있다. 줄기 O 제거, 줄기 O의 살아 있는 목부를 N이 아닌 O로부터 전정, 또는 줄기 N과 O 사이에 케이블 설치를 한다.

줄기 O를 제거하기 위해서는 예비절단을 한 다음 조심스럽게 G에서 F로 자른다. 점 G는 점 H에 대응되는 지점이며, 점 H는 수피융기선이 시작하며 수피가 안으로 향하기 시작하는 지점이다.

줄기 O의 생장속도를 늦추기 위해서는 살아 있는 줄기의 약 1/3을 제거하라. 줄기 N은 전정하지 마라. 줄기 N은 줄기 O 주변에 수간깃을 형성하기 시작할 것이다. 이러한 조치는 어린 나무에서만 가능하다.

오래된 나무에 붙어 있는 줄기 O를 강화할 때에는 전문가로 하여금 케이블을 설치하도록 해야 한다. 케이블은 분기에서 나무 끝까지 거리의 약 2/3 지점에 설치해야 한다.

올바른 케이블 설치는 고도의 기술이 필요하다. 줄기를 강화하기 위해 케이블을 설치했을 때는 케이블을 주기적으로 점검해야 한다. 줄기가 부러질 위험이 높으면 그 줄기는 전문가에 의해 제거해야 한다.

미국 뉴햄프셔주

동일 세력 줄기의 올바른 전정

수피융기선이 동일 세력 줄기에 대한 올바른 전정의 핵심이다. 줄기그루터기stem stub, *줄기를 제거한 후에도 수피융기선 위에 남아 있는 줄기를 남겨두지 않는다. 줄기그루터기는 방어체계가 없는 상태로 방치될 것이다.

이탈리아

동일 세력 줄기의 내부 모습

오른쪽의 죽은 동일 세력 줄기에서, 부후는 수간 내부로 깊이 퍼지지는 않았다. 죽은 줄기를 제거할 때 죽은 줄기 옆에 있는 살아 있는 목재의 고리를 훼손해서는 안 된다.

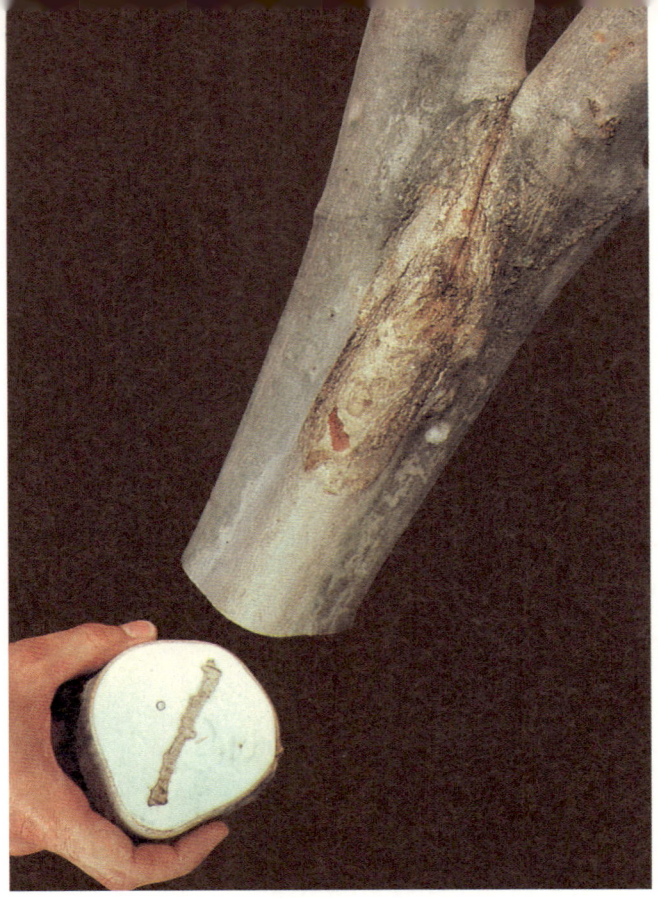

미국 메인주

동일 세력 줄기와 매몰된 수피

매몰된 수피는 두 줄기 사이에서 압착된 수피이다. 매몰된 수피는 약한 결합으로 이어진다. 나무에 매몰된 수피를 가진 가지가 있다면 가능한 빨리 제거한다.

미국 캘리포니아주

매몰된 수피와 가지의 찢어짐

매몰된 수피를 가진 가지가 수직으로 자라다가 수평방향으로 자라면 그 가지는 수간에서 찢어지게 될 것이다. 그런 결함을 가진 나무를 도시에 심어서는 안 된다.

미국 메릴랜드주 | 사진 제공 : 월터 머니

군생群生한 가지 branch cluster

수간 아랫부분에 가지가 많이 나 있는 나무는 어릴 때는 아름답게 보인다. 그러나 가지가 생장함에 따라 수피매몰현상이 발생한다. 이런 나무에서 가지가 찢어지는 일은 흔히 발생한다.

미국 플로리다주 | 사진 내 : 로버트 카일

매몰된 수피와 위해

주된 수간에서 멀어지면서 자라고 있는 매몰된 수피를 가진 큰 줄기나 가지는 잘 감시해야 한다. 이들은 대단히 위해하다.

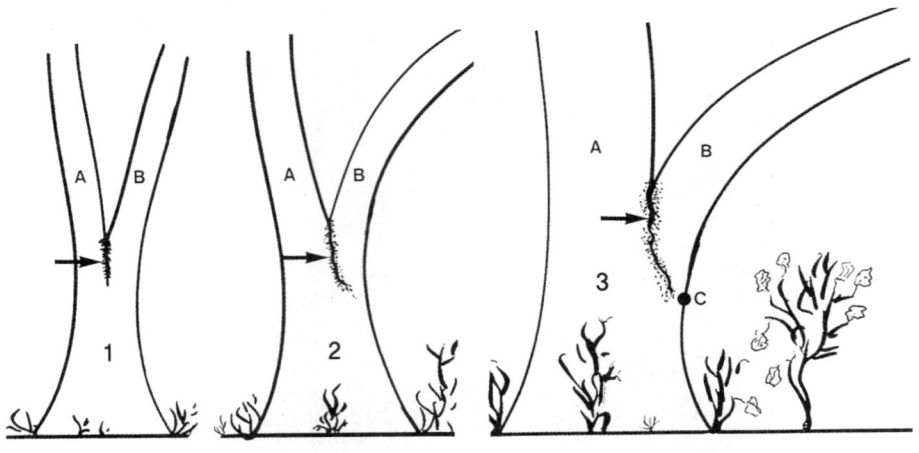

매몰된 수피와 위험

1. A와 B가 직립으로 자라고 수피융기선(화살표)이 U자형 분기로부터 아래로 직선으로 발달되어 있으면 줄기 사이가 찢어질 위험성은 낮다.
2. 줄기 B가 줄기 A로부터 멀어지면서 자라고 수피융기선(화살표)이 줄기 B의 기부를 향해 구부러지기 시작하면 줄기 사이가 찢어질 위험성은 중간이다.
3. 줄기 B가 줄기 A로부터 멀어지면서 자라고 줄기 사이에 균열(화살표)이 생기면 줄기 사이가 찢어질 위험성이 높다.

줄기 B가 부러질 경우 사람이나 차가 상처를 입거나 손상될 수 있는 장소인 도로, 보도, 놀이터 등지의 위쪽으로 자라면 예의 주시해야 한다.

그림 2와 같이 줄기 A로부터 멀어지면서 자라기 시작하면 케이블로 줄기 B를 강화시켜야 할 것이다.

그림 3과 같이 줄기 A와 B 사이에 균열이 생기면 줄기 B는 전문가에 의해

제거되어야 한다. 먼저 예비절단으로 줄기 B의 길이를 줄여야 한다. 그리고 매몰된 수피를 가진 줄기 제거에 관한 작업요령을 준수해야 한다. 큰 나무의 경우, 줄기 B는 C지점으로부터 매몰된 수피 안쪽으로 자르면서 제거될 것이다. 마지막 자르기는 체인톱의 끝부분으로 해야 하는데, 이는 매우 위험한 작업이므로 세심한 주의가 필요하다.

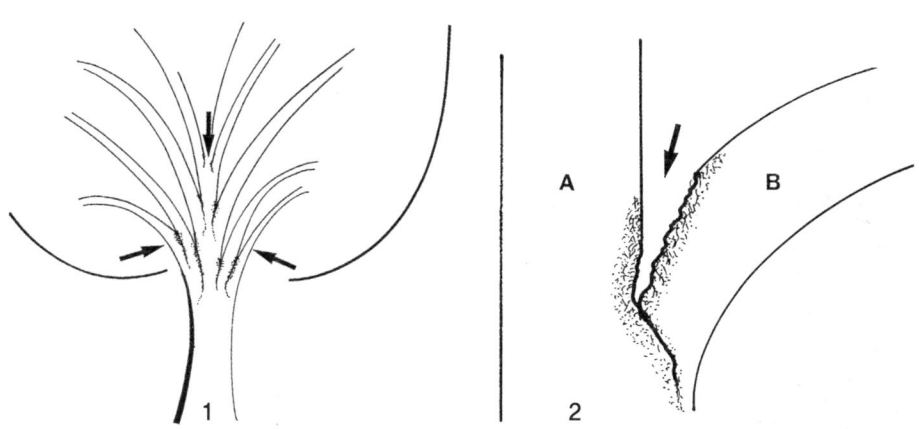

매몰된 수피와 나쁜 수형 樹型

1. 매몰된 수피를 가진 가지가 많은 나무, 특히 수간의 아랫부분에 가지가 밀집해 있는 화살표 나무는 구입하지 않도록 한다.
2. 줄기 A와 B 사이에 균열이 생기기 시작하면 줄기 B를 가능한 빨리 제거하도록 한다.

나무에 매몰된 수피를 지닌 가지가 있다면 가능한 빨리 제거하도록 하라.

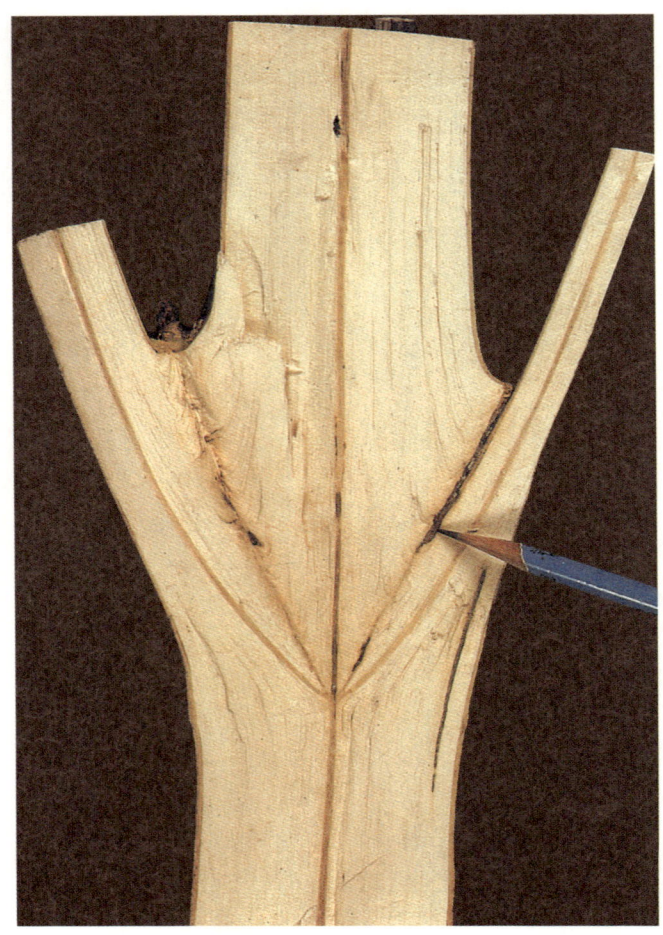

미국 메인주

매몰된 수피의 내부 모습

위 사진에서 연필 끝이 단풍나무의 매몰된 수피를 가리키고 있다. 두 가지는 같은 각도로 자라고 있었다. 매몰된 수피를 가진 가지는 나무가 어렸을 때 제거되어야 한다.

올바른 나무전정

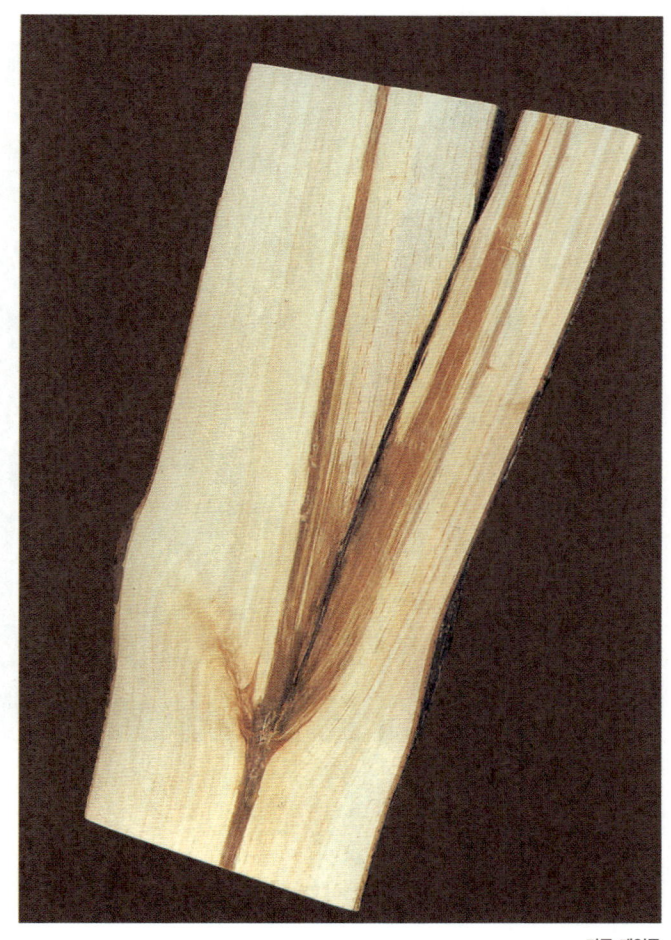

미국 메인주

소나무 가지와
수간 사이에 있는 매몰된 수피

수간과 가지의 형성층形成層, cambium이 압착으로 죽게 되므로 모든 나무에서 빈 공간이 발생한다.

미국 노스캐롤라이나주

매몰된 수피 가지의 올바른 전정

매몰된 수피를 가진 호랑가시나무의 가지가 올바르게 전정되었다.
새살이 상처 부위의 위쪽에는 형성되지 않았다.

올바른 나무전정

미국 메인주

매몰된 수피 가지를 올바르게 전정한 내부의 모습

어린 나무에 매몰된 수피가 있는 가지가 있다면 가능한 빨리 제거한다. 이때 수간을 훼손해서는 안 된다. 위 사진에서 보는 것처럼 부후가 옹이에서 진행될 수도 있다. 고갱이가 썩어서 빈 공간이 생기더라도 물을 빼내기 위해 구멍을 뚫어서는 안 된다.

미국 캘리포니아주

좋은 수형

이 나무는 차량이나 사람의 영향을 받지 않고 자란 덕에 표본에 해당하는 좋은 수형을 가지고 있다. 단, 작은 가지 몇 개는 전정이 필요하다. 수피융기선과 지피융기선이 위쪽으로 향한 나무를 구입한다.
사람이나 자동차가 다니는 곳에는 낮은 가지를 가진 나무는 심지 않는다. 중앙에 강한 주간主幹, leader이 뻗어 있는 나무가 보도나 도로변에 심기에 가장 좋은 나무이다. 수간의 낮은 곳에 분기된 강한 줄기가 많은 나무는 전선 근처나 키 작은 나무가 필요한 곳에 심으면 좋다.

나쁜 수형

가지가 수직으로 뻗은 후 수평으로 자라는 나무, 특히 사진에서 보는 바와 같이 수피가 매몰되어 있는 나무는 경계해야 한다. 나무가 어릴 때에는 교정을 위한 전정corrective pruning을 할 수 있다. 좋은 수형을 가진 나무를 사고, 이를 유지할 수 있도록 전정을 한다. 그렇게 하는 것이 시간, 돈, 그리고 최악의 경우 법정에 가는 고통을 줄일 수 있을 것이다.

스위스

나쁜 수형의 교정

이 나무는 지금은 아름다워 보이지만 즉시 전정을 하지 않으면 자라서 문제가 될 것이다. 강한 중앙주간中央主幹, central leader, *원추형으로 자라는 나무의 가운데에 위치하여 수고생장을 주도하는 줄기을 유도하기 위해서는 측지側枝, lateral branch의 끝을 전정해야 한다. 더 높은 측지를 가진 새로운 주간이 생성되면 지금 나무에 붙어 있는 낮은 가지는 제거되어야 한다.

좋은 수형으로 출발하라

도시에서는 강한 중앙주간을 가진 나무를 구입하도록 한다. 측지의 끝을 전정하고, 나중에 주간이 자라면 측지를 제거해 준다. 적절한 나무를 적절한 장소에 심고, 생장공간이 충분하며, 너무 깊이 심지 않는다면 보도나 도로에 균열을 일으키지 않을 것이다.

나무가 동일 세력 줄기를 많이 만들면 위로 높이 자라지 못할 것이다. 나무의 키를 작게 키우고 싶다면, 강한 결합을 가진 동일 세력 줄기가 많이 생성되도록 전정을 일찍 시작하면 된다.

미국 워싱턴주

덴마크

도태시킬 시기를 알라

최선의 전정으로도 문제를 해결할 수 없는 경우가 많다. 위 사진의 나무에서 오른쪽 줄기를 제거하면 큰 상처를 남길 뿐만 아니라 모양이 추해질 것이다. 나무도 품위가 있다. 이 나무는 다른 나무로 바꾸어야 한다. 이 나무가 바로 약한 분기 때문에 위해한 나무로 자라게 되는 나무이다.

미국 캘리포니아주

가지가 너무 많은 나무

시市 행정 당국이 위와 같은 나무를 구입한다면 결국 당신의 돈이 낭비되는 결과가 될 것이다. 그리고 가지가 부러져 사람이 다치면 자연 현상이나 천재天災의 탓으로 돌릴 것이다. 이제 그 책임이 어디에 있는지 정확히 해야 할 시점이다.

양묘장에게 어떤 종류의 나무를 받을 것인지를 분명히 말하고, 수형이 나쁜 나무는 인수하지 않는 것이 바람직하다.

미국 뉴햄프셔주

올바른 나무전정

어린 나무의 올바른 정지* 整枝, training cut

어리고 작은 나무의 올바른 정지를 위해 가끔 수직의 주간과 측지의 끝을 잘라야 하는 경우가 있다. 올바른 정지는 마디節, node에서 한다. 마디는 가지가 줄기에 붙어 있는 곳, 또는 한 가지가 다른 가지와 붙어 있는 곳이다. 절간節間, internode은 수간이나 가지의 마디 사이 구간이다. 절대로 절간을 자르지 않도록 한다.

정지는 격자 시렁espalier, 형상수形象樹, topiary, 가지 엮기pleaching, 과수, 그 밖의 디자인을 위해 필요하다. 사진은 어린 나무의 올바른 정지법을 보여주고 있다.

가지 엮기는 그늘진 휴식처를 만들기 위해 가지들이 엮여진 곳을 전정하는 기술이다. 이것은 두목전정을 응용한 방법 중 하나이다.

어린 나무나 덩굴식물 등을 원하는 수형이나 방향으로 유도하기 위해 하는 전정의 총칭.

어린 나무의 주간主幹 제거를 위한 올바른 정지

어리고 작은 나무에서 주간을 제거하기 위해서는 A에서 B 방향으로 자른다.
항상 줄기 H 지점에서 예비절단을 먼저 한다.
점 A가 가지분기 내에 있는 지피융기선J의 안쪽 지점이다.
점 B는 점 F에 대응되는 점이다.
점 F는 지피융기선의 시작 지점이다.
점 K는 가지깃이고, G는 새로운 주간이 될 가지이다.
그릇된 자르기는 A에서 E로, A에서 D로, C에서 E로, C에서 B로, C에서 D로 자르는 것이다.

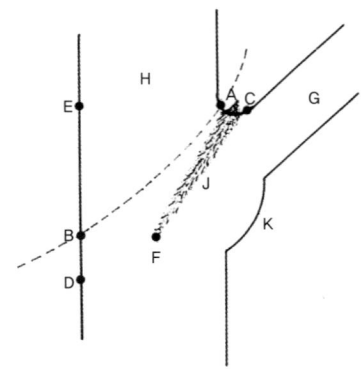

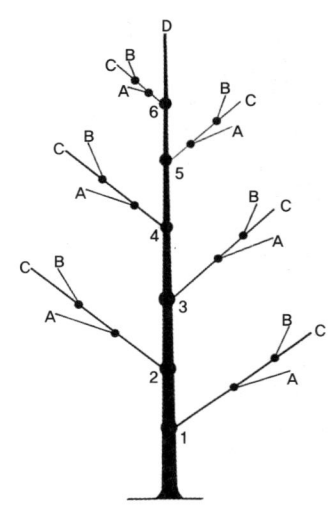

어리고 작은 나무의 정지

어리고 작은 나무들은 대부분 다양한 모양으로 자라도록 정지할 수 있다. 자신이 원하는 것을 충족시켜줄 수 있는 기본구조와 생장형태를 가진 나무를 대상으로 정지를 시작한다.

모든 자르기는 마디에서 올바르게 실시되어야 한다.

긴 수간을 가진 나무를 원한다면 나무가 어릴 때부터 점 1, 2, 3에 있는 가지를 제거한다. 좀더 치밀한 나무를 만들고 싶으면 C 부분을 제거한다.

좀더 위로 뻗은 나무를 원하면 A 부분을 제거한다.

좀더 훤히 트인 나무를 원하면 B 부분을 제거한다.

보통 높이의 나무를 위해서는 점 6에서 D를 제거한다.

강한 중앙주간을 가진 나무를 원한다면, 점 6에서 D와 경쟁관계에 있는 다른 상향줄기를 제거한다.

상부의 대부분을 제거해야 한다면, 강한 측지가 있는 마디에서 절단한다.

이러한 정지는 어리고 작은 나무에만 적용된다.

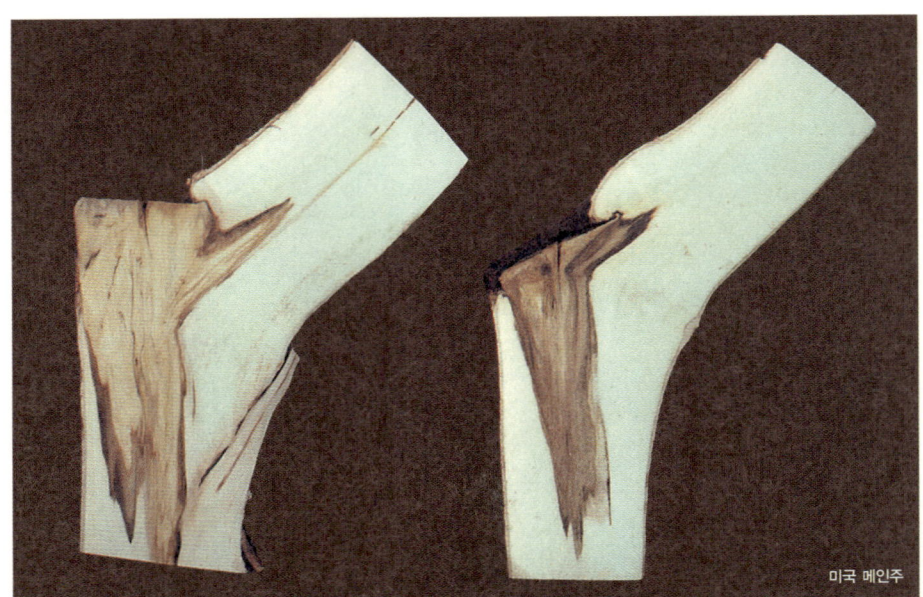

미국 메인주

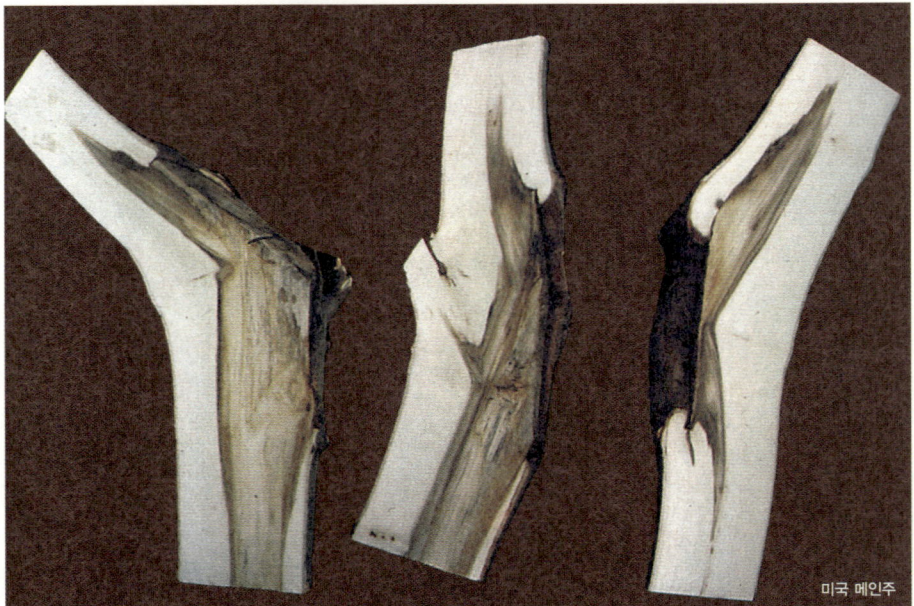

미국 메인주

올바른 나무전정

올바른 정지, 그릇된 정지

그릇된 자르기 방식인 윗부분이 평평한 자르기를 한 후에 부후가 급속히 확산되었다. 왼쪽 사진
올바른 자르기 이후, 탈색된 목재의 작은 고갱이가 생겼다. 오른쪽 사진
위 표본은 3년 전에 절단이 이루어진 단풍나무이다.

줄기에 너무 가깝게 이루어진 정지

정지가 줄기에 너무 가까이에서 이루어지면 부후가 상하 양방향으로 급속히 확산된다. 위 표본은 3년 전에 절단이 이루어진 단풍나무이다.

캐나다

올바른 나무전정

큰 나무의 수간 자르기 : 자연에 대한 범죄

수간 자르기는 큰 나무의 수직주간垂直主幹, vertical leader stem을 제거하는 것이다. 수간 자르기는 보통 마디 사이, 즉 절간에서 일어난다.
가지 자르기는 큰 측지에서 절간을 자르는 것이다.
큰 나무의 수간 자르기와 가지 자르기는 자르는 방법과 관계없이 나무에 심각한 상처를 준다. 사람들은 나무가 빨리, 크게 자라기를 원한다. 크고 나면 다시 나무가 작아지기를 원한다. 잘못된 나무가 잘못된 장소에 있을 때 수간 자르기나 가지 자르기를 하게 된다. 이러한 작업으로 인해 나무는 위해하게 된다.

프랑스

수간 자르기, 부후와 균열

수간 자르기는 흔히 나무 꼭대기 부위의 부후와 긴 균열을 가져온다.
낙뢰가 가끔 원인이 되기도 한다.
사람들은 나무가 위해하게 될까봐 나무의 수간을 자르고 싶어한다.
그런데 수간 자르기는 나무의 위해 가능성을 더욱 높이는 결과를 가져온다.

이탈리아

수간 자르기와 뿌리 문제

수간 자르기에 의해 생긴 상처는 수간에서 뿌리까지의 조직을 약화시킨다. 그렇게 되면 부후와 뿌리의 병을 유발하는 병원체가 약화된 목재에 침투하게 된다.

나무의 수간 윗부분이 제거되면, 뿌리는 기아 상태가 시작된다. 그러면 많은 병원체가 굶주린 뿌리를 감염시킬 것이다. 그러나 일차적인 병원체는 다름 아닌 나무의 수간 상부를 제거한 사람이다.

오스트레일리아

수간 자르기와 맹아지

수간 자르기는 과도한 맹아지의 발생을 자극한다. 맹아지는 볼품도 없고 위험하다. 전선 아래에 있는 나무의 수간 상부를 제거하면 더 많은 맹아지가 더 빨리 전선 쪽으로 자란다.
과도한 맹아지 발생은 에너지 비축이 부족하다는 신호이다.

오스트레일리아

위해를 부르는 수간 자르기, 맹아지, 공동

수간 자르기, 맹아지, 공동 등은 대단히 위해한 상황으로 진행된다. 맹아지는 수간과 매우 약하게 결합되어 있다. 수평 방향으로 빨리 자라는 맹아지는 경계해야 한다.

이탈리아

수간 자르기와 가지의 찢어짐

부후한 수간에서 빠르게 자라는 맹아지는 경계해야 한다. 흔히 과일나무에서 가지가 찢어지는 것은 이런 맹아지 때문이다.
오래된 나무들이 늙어서 죽어가면 어린 나무를 심는다. 오래된 나무를 제거하는 것이 경관상 커다란 빈 공간을 방치하는 것은 아니다.

독일

정지와 두목전정 pollard

올바른 두목전정은 올바른 정지에서 출발한다. 시작하기 전에 자신이 원하는 나무 형태를 정한 후, 그 구상에 맞는 수종樹種을 가지고 시작하도록 한다. 올바른 두목전정을 위해서는 지속적인 관심이 필요하다. 두목전정의 한 유형은 위 사진처럼 외줄기 single stem인 경우이다.
이 나무는 둥근 모양으로 자라는 노르웨이 단풍나무의 한 품종으로, 훌륭한 정원수이다.

미국 워싱턴주

외줄기 두목전정

두목의 선단 안쪽으로 자르지 않도록 주의해야 한다. 그렇지 않으면 부후가 수간 안으로 확대될 것이다. 두목전정을 한 포도나무, 등나무 등에 대해서도 동일한 사전 주의가 필요하다.

이탈리아

가지를 이용한 두목전정

또 다른 두목 디자인 형태는 가지가 뻗은 구조에서 시작한다. 가지가 모여 있는 부위에서 올바른 정지를 하면서 구조를 디자인한다. 이러한 기본골격은 나무가 어리고 작을 때 만들어져야 한다.

덴마크 | 사진 제공 : 닐즈 효바스

두목전정의 유지 관리

두목선단은 매년 올바르게 전정되어야 한다. 이는 나무를 오랫동안 건강하고 아름답고 안전하게 유지해주는 매우 경제적인 관리방법이다. 전선 옆에 있는 나무에 대해서는 더욱 더 올바른 두목전정이 필요하다.

두목선단으로부터 나온 맹아지를 3년 이상 자란 후에 제거하면 뿌리가 기아 상태가 된다. 그렇게 해도 견디는 나무도 있지만, 흔히 부후와 뿌리병이 생긴다. 수간 자르기와 마찬가지의 피해를 가져오는 것이다.

스위스

그릇된 두목전정

위 사진은 두목전정을 한 것이 아니다. 이것은 나무의 가지제거이다. 이러한 가지제거를 두목전정이라고 부르는 경우가 많다. 두목전정은 상당한 기술을 요하는 정교한 전정 작업이다. 나무의 일생을 통하여 두목전정이 가장 경제적인 관리방법이다.

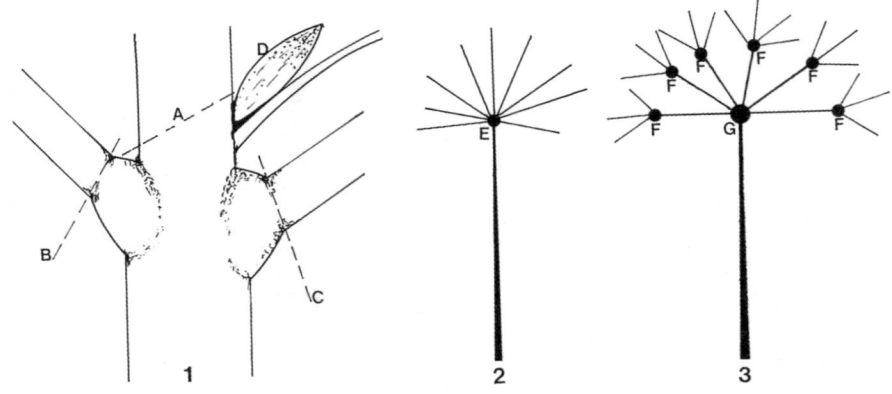

두목전정의 시작

올바른 두목전정은 나무가 작고 어릴 때 시작해야 한다 나무 높이 2~4m, 지상 1m에서의 직경이 4~8cm 정도의 나무.

두목전정에 적합한 대표적인 나무는 참피나무 Linden, 런던 플라타너스 London plane, 개오동나무 Catalpa, 마로니에 Horse chestnut 등이다.

외줄기 두목전정을 시작하기 위해서는, 휴면기간 중에 어리고 작은 가지들을 그림 1의 B, C 올바르게 제거해야 한다. 위로 뻗은 줄기나 주간도 제거해야 한다. 줄기에 눈 D이 있으면 A처럼 잘라야 한다. 외줄기 두목전정 선단의 높이는 첫 전정에서 결정되어야 한다 그림 2의 E.

전정한 주위에서 맹아지가 자랄 것이며 생장기 말기가 되면 맹아지를 제거해야 한다 그림 2의 E.

다수선단 두목전정 multiple head pollard은 2가지 방법이 있다. 먼저 외줄기 두목전정에서 행한 것처럼 줄기를 제거한다 그림 3. 맹아지는 매년 생장기 말에 F 지점에서 잘라주어야 한다.

올바른 나무전정

또 다른 다수선단 두목전정 방법은 외줄기 두목전정에서 만들어진 것과 같은 선단을 여러 개 만드는 것인데, 이는 다소 큰 나무에 적용한다. 그리고 선단의 위치가 결정되고 나면 매년 생장기 말에 맹아지는 선단 부위까지 잘라주어야 한다.

때로는 선단에 한두 개의 맹아지를 남겨두어 그것이 자라기 시작하면서 레이스 같은 효과를 내도록 하기도 한다.

맹아지를 제거할 때 두목의 선단을 훼손하지 않도록 주의한다. 맹아지를 남겨두지 않고 맹아지를 둘러싸고 있는 볼록한 깃에 가능한 한 가깝게 자른다.

한국

모양 만들기

나무는 전정을 통해 여러 가지 모양으로 유도될 수 있다. 나무의 아랫부분을 그늘지게 하는 모양으로 디자인하지 않아야 한다. 형상수를 유지하기 위한 전정은 일년에 5~6회 해야 한다. 지속적인 전정이 빈 공간의 발생을 예방한다. 죽은 가지는 죽은 목재와 살아 있는 목재가 연결되어 있는 깊은 곳까지 잘라서 제거해야 한다.

캐나다

격자 시렁 espalier

격자 시렁은 처음에 나무를 벽이나 수직적인 지지대에 붙여 심는다. 나무가 원하는 높이까지 자라면 상단부를 제거한다. 기본 골격이 될 측지를 미리 선택한다. 형태를 유지하고 성장 정도를 유지하기 위해서는 지속적인 전정이 필요하다. 전정을 일찍부터 시작하고 계속해서 행하면 뿌리 체계가 나무의 크기에 적응할 것이다.

미국 뉴햄프셔주

어린 나무의 정지

어린 나무의 마디에서 가지를 올바르게 제거하는 것이 골격을 구축하는 데 있어서 기본이다. 눈bud이 어디에 있는지 확인한다. 어떤 나무는 위 사진에서 보는 것처럼 줄기를 따라서 눈이 있다. 다른 나무들은 줄기의 끝에 눈이 있다. 눈 바로 위를 경사지게 절단한다. 눈 위에 목재그루터기를 남겨두지 않는다. 가지에서는, 항상 가지와 가지가 결합되어 있는 마디에서 잘라야 한다. 가지그루터기를 남겨두지 않으며 평절을 하지 않는다.

이탈리아

깎기 전정 shearing

깎기 전정은 좋은 방법이 아니다. 주목朱木, Yew같은 나무에는 깎기 전정을 할 수 있다. 정아頂芽, apical bud, *가지 끝의 한복판에 자리잡은 눈를 자라기 전에 제거하면, 더 많은 측아側芽, lateral bud, *정아의 측면에 각도를 갖고 형성된 눈 생장을 가져오게 될 것이다.

나무 안쪽으로 너무 깊이 깎기를 하면 가지가 죽게 된다. 죽은 가지는 살아 있는 줄기와 연결되어 있는 지점에서 제거해야 한다. 빈 공간이 생기는 것을 피하기 위해서는, 생장이 시작되고 난 이후가 깎기의 최적기이다. 일부 소나무의 경우 새순은 자라기 시작할 때 자르기도 한다.

이탈리아 | 미국 오리건주

올바른 나무전정

목질의 덩굴식물 전정

포도주용으로 키우는 대부분의 포도나무에서는 두목의 선단으로부터 나온 두세 개의 덩굴을 키운다. 식용 포도나무table grape, 포도주 제조용이 아닌 신선한 상태에서 먹는 포도의 총칭는 지지대나 시렁 위에서 긴 덩굴로 키운다. 기본 원칙은 같다. 골격을 먼저 구축하고, 그 다음에 두목의 선단까지 또는 기본 골격까지 전정하는 것이다. 왼쪽 사진

과수 전정

과수는 다양한 방법으로 전정한다. 큰 과수원의 감귤류는 수확을 용이하게 하기 위해 종종 가위질을 한다. 이때 나무 안쪽으로 깊이 자르지 않도록 한다. 가정집의 뜰에 있는 과수는 가위질을 하지 않도록 한다. 깎기 전정은 과수에게 좋은 방법이 아니다. 많은 과수가 격자 시렁으로 유인되기도 한다. 격자 시렁은 측지가 넓게 뻗고 축이 노출된 디자인이 대부분이다. 골격을 잡기 위해서는 수직으로 난, 새 가지나 눈을 제거해준다. 가지들은 사진처럼 끈으로 묶을 수도 있다.

과수는 과일의 생산을 촉진하기 위해 가끔 과도한 전정을 하기도 한다. 그러면 그 나무는 죽을 수도 있다. 오른쪽 사진

덴마크

올바르게 심기

자신이 무엇을 원하는지, 그리고 어떤 땅을 가지고 있는지를 확인한다. 자신과 자신의 땅에 맞는 나무를 선택하고 전문가의 조언을 구한다. 식목할 장소를 준비하되, 작은 구멍 정도가 되지는 않도록 한다. 그 나무가 양묘장에서 자라던 깊이로 심는다. 너무 깊게 심지 마라! 토양이 나쁘거나 건축 폐기물 등이 있는 곳이 아니면 흙을 바꾸지 말고 배수를 해야 하는 장소보다는 관수를 해야 하는 장소에 심는 것이 더 좋다. 잡초는 접근하지 못하게 하며 물집물매턱, water dam을 만들었으면 나무가 자리를 잡고 난 후 없앤다.

미국 플로리다주

올바른 줄당김

나무에 줄당김이 필요한 경우, 수피를 손상시키지 않을 정도의 넓은 자재를 사용해야 한다. 호스 안에 철선을 사용하지 않고 나무는 다소 움직여야 한다. 나무가 뿌리를 잘 내리고 나면 즉시 조임쇠를 제거한다. 사진처럼 철선을 가지의 분기에 설치하면 안 된다.

미국 메릴랜드주

식재 후의 전정

나무를 심을 때, 상처가 났거나 병든 가지와 뿌리는 제거한다. 수관樹冠, crown과 뿌리의 균형을 유지하기 위한 전정을 하려고 애쓰지 않으며 나무가 생장을 시작할 때까지 기다린다. 그 다음 죽어가는 가지를 전정하고 그 나무가 성숙한 잎을 형성하고 난 후 가볍게 비료를 준다.

일단 나무를 심으면, 그 나무를 책임져야 한다. 나무를 심은 후에는 유지관리 계획을 가동하고 계속 실행하면 비용도 절감되고, 나무가 오랫 동안 건강하고 아름답고 안전하게 살아가는 데 도움이 될 것이다.

오스트레일리아

크고 나이든 나무의 전정

크고 나이든 나무의 전정은 전문가가 할 일이다. 먼저, 죽었거나 죽어가는 가지를 제거한 다음, 결합이 약하거나 다른 가지와 마찰하는 가지를 제거한다. 살아 있는 가지의 끝을 자르지 말고, 죽었거나 죽어가는 가지, 또는 결함이 있는 가지를 남겨두지 않는다.

살아 있는 조직을 얼마만큼 제거해야 하는가에 대해 정해진 규정은 없다. 긴 가지와 짧은 가지에서 잎의 양이 같다면, 짧은 가지의 살아 있는 조직을 더 많이 제거하는 것이 좋다. 잎은 가지의 목재, 수간, 뿌리의 살아 있는 세포에게 영양분을 공급해야 한다. 전정 후에 그 나무를 관찰하여 맹아지가 많이 나오면 살아 있는 조직이 너무 많이 제거 되었다는 것을 뜻한다.

나무 나이가 들어갈수록 전정으로 제거되는 살아 있는 조직의 양은 줄어야 한다.

독일

올바른 나무전정

과도한 전정은
크고 나이든 나무를 훼손한다

옆 사진의 나무는 심각하게 훼손되었다. 즉, 과도하게 전정되었다. 이 사진은 수관 축소, 가파른 분기 전정, 측지 전정 등의 작업을 했다고 주장할 수도 있으나, 사실은 수간 자르기나 가지 자르기, 과도한 전정 등을 한 것이다. 대부분의 크고 나이든 나무의 수관은 죽은, 죽어가는, 또는 결함 있는 가지를 제거하는 것만으로도 수관을 성기게 할 수 있다.

예외적인 것은 살아 있으면서 위해성이 높은 가지이다. 모든 자르기는 분기에서 이루어져야 한다. 크고 수직적인 줄기를 절간에서 제거하는 것은 자른 부위 아래에 있는 가지의 크기에 관계없이 수간 자르기에 해당한다. 큰 가지의 끝을 절간에서 제거하는 것은 어떤 경우에나 가지 자르기에 해당한다.

과도한 전정은 나무에게 생물학적으로, 기계적으로 상처를 남기는 것이다. 과도한 전정은 뿌리의 문제로도 이어진다. 다 자란 나무를 과도하게 전정하지 않도록 주의하여야 한다.

미국 노스캐롤라이나주

과도한 전정과 맹아지

지나친 맹아지가 발생했다면 과도한 전정을 했다는 신호이다. 맹아지는 잠아로부터 나온다. 어떤 맹아지는 빨리 자라고 살아남는다. 이것이 정예지精銳枝, elite sprout이다. 다른 맹아지들은 몇 년 자라다가 죽는다. 이들은 피압 맹아지이다. 맹아지를 제거하려면 정예지인지의 여부가 명백해질 때까지 기다려야 한다. 피압 맹아지는 제거하고 맹아지를 지탱하고 있는 조직은 훼손하지 않도록 한다. 위 사진의 가지를 보면 여러 군데 평절된 것을 볼 수 있다. 햇볕 때문에 죽은 반점이 생겼다.

미국 플로리다주

가지 자르기, 수간 자르기로 인한 문제

위 사진은 반복적인 가지 자르기와 수간 자르기는 나무에 상처를 주었을 뿐만 아니라 위해한 나무로 만들었다. 큰 나무를 다시 작게 만드는 방법은 없다. 유일한 방법은 나무를 새로 심어서 일찍부터 전정 프로그램을 시행하는 것이다. 새로운 나무가 자리를 잡으면 기존의 큰 나무는 그 자리에 있을 수 없다. 빨리 자라는 나무를 원한다면, 단기순환계획short rotation plan을 세워서 심도록 한다. 그리고 10년에서 15년마다 새로운 나무를 심어주는 것이다.

가지 자르기, 수간 자르기와 전선의 문제

가지 자르기는 심각한 위해가 될 수 있는데, 특히 맹아지가 도로나 보도 위로 자랄 때에는 더욱 그렇다. 전선 주변의 가지 자르기와 수간 자르기는 지나친 맹아지 발생을 유발한다. 맹아지는 빠른 속도로 전선 방향으로 자란다. 전선 아래에는 나무를 심지 않아야 한다. 아니면 낮게 자라는 나무를 심거나, 나무가 어릴 때부터 전정을 시작하는 것이 좋다.

오스트레일리아 | 사진 내 : 니콜라스 리벳트

미국 워싱턴주

맹아지와 위해 危害

부후된 수간에 붙어서 자라는 맹아지는 경계해야 한다. 유일한 해결책은 그 나무를 제거하고 새로운 나무를 심는 것이다. 가지 자르기와 수간 자르기는 나무의 방어체계를 파괴한다. 붕괴되는 가지나 수간에 사람이 다치게 되면 소송을 당할 수도 있다.

정기적인 전정 프로그램이 비용을 절감할 뿐더러 생명까지도 구할 수 있다.

미국 펜실베이니아주

평절과 위해

이 사진은 나무에서 가장 위험한 상태 중의 하나를 보여주고 있다. 평절로 내부 균열이 시작되었다. 균열로 인해 가끔 가지가 찢어지기도 한다.

측지에 붙어 있는 가지를 대부분 제거하는 것보다는 큰 측지를 수간에서부터 제거하는 것이 더 바람직하다. 이것은 전선 주변을 전정할 때 중요한 고려사항이다. 가지에서 자라는 맹아지는 가끔 '개 꼬리dog tails'라고 불린다.

스위스

크기와 형태의 올바른 조절

올바른 정지가 수년 동안 크기와 모양을 일정하게 지켜주어 이 나무를 매력적으로 유지해왔다. 이 방법은 두목전정의 일종이다. 골격은 일찍부터 만들어졌고, 맹아지는 매년 골격 부분까지 전정을 한다.
나무, 나무 주인, 전정하는 사람 모두가 결국 이런 규칙적인 관리 프로그램으로부터 혜택을 받게 된다.

올바른 나무전정

미국 플로리다주

크기와 모양을 조절하기 위한 그릇된 전정

위 사진에서 나무의 크기로 볼 때 가지의 끝이 너무 늦게 전정되었다. 가지를 따라서 여러 개의 작은 눈의 덩어리가 형성된 것이 아니라, 작은 두목선 단이 가지 끝에 형성되었다.

해결 방안은 간단하다. 나무가 어릴 때 골격을 갖춰주는 것이다. 하지만 실행하기는 어렵다. 사람들은 너무 늦을 때까지 기다리기 때문이다.

스웨덴 | 사진 내 : 올리 앤더슨, 클라우스 볼브레히트

상처도포제의 신화

상처도포제가 부후를 중단시킨다는 자료는 없다. 이것은 방어체계를 무력하게 하고 부후곰팡이를 보호한다. 가지가 올바르게 전정이 되면, 나무는 내부에 보호지대를 형성할 것이다.

상처 부위의 위장을 위해 색깔이 있는 물질이 필요하다면, 독성이 없어야 하고 얇게 도포해야 한다. 만약 상처에 도포제를 처리하지 않고 두게 되면 상처 표면은 1년 이내에 수피처럼 되어 눈에 띄지 않을 정도가 될 것이다.

독일

상처도포제와 부후

이 사진의 전정 부위를 보면 위쪽은 올바르게 되었으나 아래쪽은 수간에 너무 가까이 잘렸다. 1년 후 위쪽은 감염이 없었으나 아래쪽은 감염이 되었다. 곰팡이는 가지고갱이를 감염시키지는 않았다. 위쪽 부위에서 감염을 저지한 것은 자르기 자체 때문이며 상처도포제 영향 때문이 아니다.

이러한 유형의 자르기, 즉 위쪽은 올바르게, 아래쪽은 너무 가까이 자르는 것은 공동이 생기게 하는 완벽한 방법이다. 상처도포제를 바른다면 공동은 더 빨리 커질 것이다.

독일

상처도포제는 미생물을 보호한다

상처도포제를 이미 감염된 상처 위에 바르면 그 도포제는 오히려 미생물을 보호하게 된다. 혹시 등반용 스파이크화를 신고 나무에 오르는 사람이 없는지 감시하여야 한다. 상처는 나무를 훼손하고 수간을 손상시킨다. 만약 그들이 상처도포제 사용을 고집한다면, 모든 스파이크의 상처를 도려내고 칠해야 한다고 알려주도록 한다.

미국 캘리포니아주

상처도포제, 평절과 위해

상처도포제로 도포된 평절 부위의 부후곰팡이 자실체는 극도로 위해하다는 신호를 보내고 있다. 위 사진의 나무는 도시의 가로변에 서 있다. 상처도포제를 발랐다는 것이 안전하다는 신호는 절대 아니다. 결국 상처도포제는 시간과 돈의 낭비이다.

질문 : 평절과 상처도포제가 매우 좋다면, 시술을 한 후에 왜 그렇게 많은 공동이 생길까?

미국 메인주

단근 斷根, root pruning

목질의 뿌리가 절단되면 새로운 뿌리가 발생한다. 뿌리도 수간이나 가지처럼 구획화한다. 작업 중에 뿌리가 뭉개지면 가능한 빨리 표면이 매끈하게 잘라준다. 뿌리를 자르면 잘린 뿌리로부터 새로운 뿌리가 자라 나올 것이다. 이식을 하기 위해 나무를 캘 때, 새 뿌리를 제거하면 안 된다.

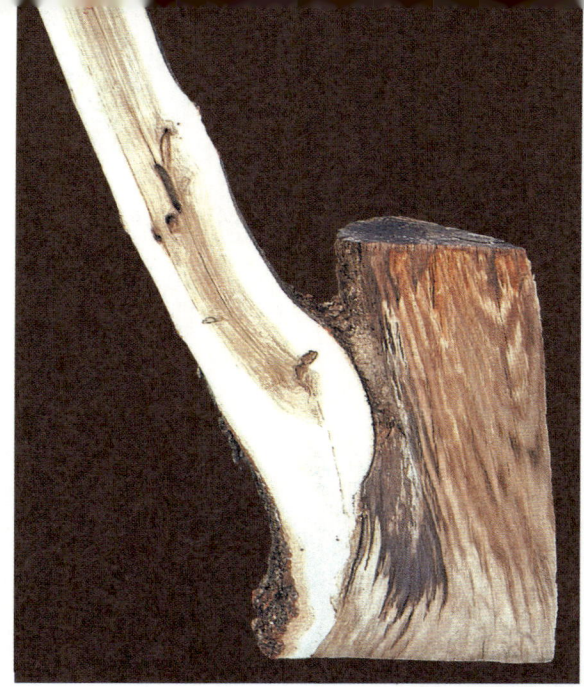

미국 메인주

주맹아* 株萌芽, stump sprout

나무를 자르고 나면 맹아지가 잠아나 부정아不定芽, adventitious bud, *나무의 오래된 부위에서 불규칙하게 형성되는 눈 로부터 자란다. 그루터기의 낮은 데서 나온 하나의 맹아지가 자라서 최상의 나무가 될 수도 있다. 부후는 나이든 그루터기로부터 맹아지로 퍼지지 않는다. 어떻게 맹아지의 수피가 그루터기로부터 나온 맹아지를 격리시키는지 주목한다.

맹아지의 활용을 목적으로 하는 숲의 조성의 경우, 처음 맹아지를 자를 때는 지표면 가까이에서 자른다. 다음부터는 맹아지가 나오는 목재에 최대한 가깝게 자르되 목재 안쪽으로 자르지 않는다. 일종의 두목선단이 지표면에 형성된다. 두목선단은 훼손되지 않아야 한다.

나무를 베어낸 그루터기에서 나오는 가지.

미국 뉴햄프셔주

수간에 있는 눈 epicormic bud과 맹아지

epicormic은 '수간에 붙은/수간 위에 upon a trunk'를 의미한다. 수간에 있는 눈은 두 종류가 있다. 하나는 엽액葉腋, axil of leaf, *가지와 잎 사이의 겨드랑이, 잎과 가지가 연결되는 부위 안에 형성되어 나무가 자라면서 형성층 구역에 남아 있는 잠아이고, 다른 하나는 상처를 입은 후 형성층과 유상조직 내에 새로이 형성된 부정아이다.

도장지徒長枝, epicormic sprout, *그늘에 있던 잠아가 햇빛에 갑자기 노출되어 빠른 속도로 자라는 가지는 약한 결합을 가지고 있다. 사진의 손가락이 가리키는 부분이 도장지이다. 수간과의 결합이 매몰된 수피를 가진 가지와 비슷하다.

올바른 나무전정

미국 뉴햄프셔주

야생과 전정

위의 사진 히코리나무를 보면 맨 위의 삐죽 솟아 있는 죽은 가지를 제외하고는 모든 죽은 가지는 제거되었다. 가지그루터기는 새들에게 인기 높은 횃대이다. 전정을 할 때에는, 나무의 안전을 확보할 수 있는 범위 내에서 야생동물을 염두에 두고 전정을 하도록 하자.

크고, 나이가 들었으며, 두세 개의 공동과 몇 개의 죽은 가지를 가진 건강한 나무가 야생동물이 가장 좋아하는 나무이다.

미국 뉴햄프셔주

분재 盆栽, bonsai

분재(분에 있는 나무)는 나무의 생장과 모양을 조절하는 최고로 발달된 방법이다. 분재는 나무의 크기나 모양이 전정에 의해 조절될 수 있다는 사실을 수백 년 동안 증명해왔다. 동양에서는 분재기술을 활용하여 나무의 크기를 백 년이 넘도록 1미터에서 4미터 정도로 유지하고 있다.

분재 디자인에서는 가끔 평절이 상처받고 풍화된 늙은 나무의 효과를 내기 위해 활용되고 있다. 분재는 나무가 어리고 작을 때 시작해야 한다.

오스트레일리아

나무의 품위

나무도 살아 있는 다른 모든 생물과 마찬가지로 자라서 늙어 죽는다. 상처 도포제를 사용하거나, 나무를 금속이나 콘크리트처럼 딱딱하게 만드는 치료를 하여 오래된 나무를 모욕하면 안된다.
나무가 품위 있게 수명을 다하도록 관리하여야 한다.
그 다음 새로운 나무를 심고 심은 나무를 잘 관리하는 것이 현명하다.

올바른 나무전정

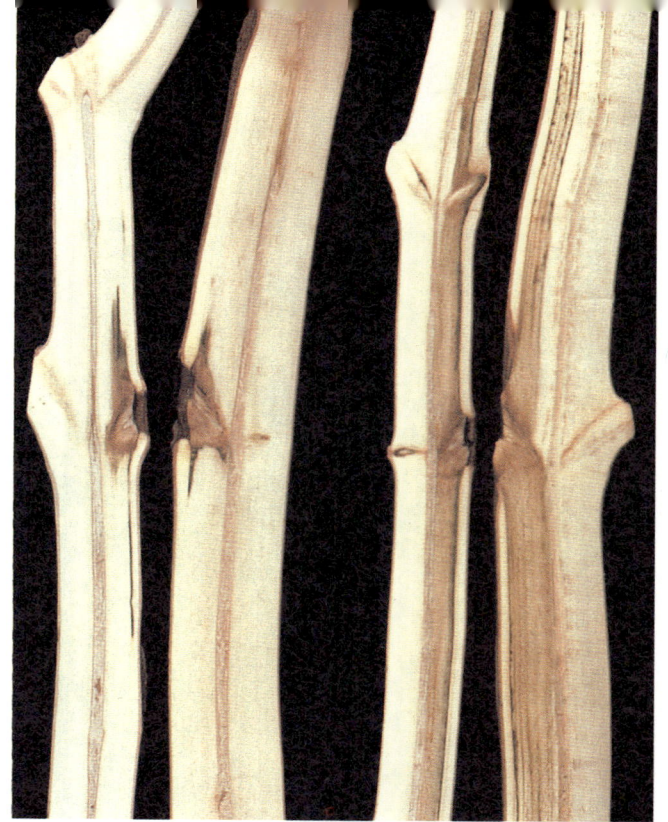

미국 메인주

향후 과제

같은 종種 내에서도 어떤 나무는 다른 나무에 비해 더 빨리 구획화한다. 위 사진에 있는 4개의 단풍나무는 모두 1년 전에 평절을 했다. 오른쪽의 두 나무는 약했고, 왼쪽의 두 나무는 튼튼했다. 이제는 우리의 산림과 도시에 강한 나무를 선택해서 심어야 할 때가 왔다.

적어도 반세기 동안 일부 사람들은 나무의 보호지대와 가지깃의 중요성을 이해하고 있었다. 이들은 올바른 전정을 통해 나무의 생장률과 수형을 조절했다. 가지가 수간에 어떻게 연결되어 있는지에 관한 새로운 정보는 전정의 역사를 완성하기 위해 찾아 헤매던 '잃어버린 고리'였다.

네덜란드 | 사진 내 : 피터 밴 더 봄

사람과 나무

나무의 전정이라는 주제는 끝이 없다.
나무가 어떻게 자라며 스스로를 어떻게 방어하는가를 배워라.
독서를 통해 나무에 대해 배워라.
나무를 이해하고 사랑하는 사람과 이야기함으로써 배워라.
나무와 접촉함으로써 배워라.

오스트레일리아

나무와 그 이웃

나무와 그 이웃은 숲 속에서 수백만 년간 함께 살아왔다. 그들을 우리의 세계 속으로 끌어들인 이상, 우리는 영원히 그들을 적절히 보호해야 할 책임이 있다. 올바른 전정은 나무가 건강하고, 매력적이며, 위해하지 않은 상태를 유지할 수 있도록 도와주는 중요한 수단이다.

나무는 어떻게 자라고 스스로를 방어하는가?

부록

생명의 기본단위는 세포이다. 세포는 생명의 물질을 내포하고 있다. 세포의 내용물은 세포막에 의해 세포 안에 수용되어 있다. 동물의 세포막은 얇다. 피부가 세포를 제자리에 고정시켜주고, 뼈대가 피부를 제자리에 고정시켜준다. 이러한 체계가 동물을 움직이도록 해준다.

나무는 두꺼운 세포막, 즉 벽을 가지고 있다. 그 벽은 대부분 섬유소와 리그닌으로 구성되어 있다. 이 강한 세포벽이 나무로 하여금 뛰어난 기계적 지지력을 갖게 한다. 나무는 지금까지 지구상에 살았던 그 어떤 생물체보다 더 크고 더 높이 자란다. 하지만 나무는 움직일 수가 없다. 나무는 늘 같은 자리에 서 있고, 가끔 많은 상처를 받는다. 나무는 상처받은 목재를 복원하거나 치유하지 못한다.

동물은 치유를 한다. 치유란 상처 입은 자리를 과거와 같이 건강한 상태로 복원시키는 것을 의미한다. 동물은 상처를 입으면 상처 입은 세포를 복원, 수리, 또는 재생한다. 오래 사는 사람들의 경우, 세포의 일부 또는 세포 자체를 2,700억 번 이상 복원한다.

나무는 세포를 복원할 수가 없다. 나무가 '생산체계'라면 동물은 '재생산체계'이다. 동물은 신체의 조직이 파괴되는 속도보다 더 빨리 복구될 수 있는 한 생존할 수 있다. 나무는 늙은 조직이 파괴되는 속도보다 새로운 조직을 새로운 장소에 더 빨리 만들어내면서 살아남는다. 나무는 상처를 받거나 감염이 되면 그 조직을 구획화함으로써 살아남는다. 구획화는 나무의 방어 과정으로, 병원체의 확산을 저지하는 경계선을 형성하는 것이다. 경계선은 수액의 이동, 에너지의 저장, 기계적인 지지체제를 방어한다.

손상을 입거나 감염이 되면, 살아 있는 세포에 저장된 에너지 물질은 병원체의 확산을 저지하는 물질로 전환된다. 상처가 수피를 통과하면, 살아 있는 세포를 가진 변재가 상처를 받는다. 살아 있는 세포가 없는 심재에 상처가 생겨도 경계선은 여전히 생성된다. 어떻게 심재에 경계선이 생기는가에 대해서는 제대로 알려진 바가 없다.

상처받을 당시의 목재에서 생기는 경계선을 반응지대reaction zone라고 부른다. 상처가 난 후, 상처 근처에 아직도 살아 있는 형성층은 방벽지대防壁地帶, barrier zone라는 경계선을 생성한다. 반응지대는 손상이나 감염 당시의 조직 내로 병원체가 퍼지는 것을 저지하고, 방벽지대는 손상 당시의 목재와 새로운 공간에 형성되는 새로운 목재를 분리시킨다.

치유는 동일한 공간 내에서의 복구인 one-part system이다. 구획화는 병원체의 확산을 저지하면서 새로운 장소에 새로운 세포를 생성하는 two-part system이다. 구획화는 치유보다 더 높은 생존가치를 가지고 있다고 볼 수 있다. 대부분의 나무가 동물보다 훨씬 더 오래 살기 때문이다.

나무가 이렇게 우수한 생존체계를 가지고 있다면 왜 좀더 오래 살지 못할까? 경계선을 가지고 있는 생산체계즉, 나무는 오래 사는 데 유리할 수도, 불리할 수도 있다. 모든 살아 있는 시스템은 그 시스템을 움직이는 데 이용할 수 있는 에너지의 한계 이상으로 자랄 수는 없다.

이제 우리는 '열역학의 법칙'을 간단히 살펴볼 필요가 있다. 제1법칙은 에너지는 새로이 만들어지거나 없어지지 않고, 다만 다른 형태로 이전될 뿐이라는 것이다. 제2법칙은 질서를 유지하는 데 필요한 에너지를 충분히 받지 못한 조직은 무질서하게 된다는 것이다. 제3법칙은 에너지의 절대적인 상태를 다룬다.

이 세 가지 법칙은 다음과 같이 바꿔 말할 수 있을 것이다. 우리는 절대 이길 수 없고 단지 균형을 이룰 뿐이다. 오직 절대값 0에서 균형을 이룰 뿐인 것이다. 그리고 우리는 절대값 0에 결코 도달하지 못한다. 여기서 빠진 요소는 시간이다. 생명은 시간 게임이다. 생물체는 자신이 생장하고 자신을 방어할 충분한 에너지를 가지고 있는 한, 살아 있다.

모든 생물체는 질량을 가지고 있다. 나무는 두 종류의 질량정적/동적을 가지고 있다. 나무에서 살아 있는 세포를 가진 조직들은 동적인 질량을 구성한다. 반면 살아 있는 세포를 가지고 있지 않은 조직은 정적인 질량을 구성한다. 나무는 우리가 이해하지 못하는 방법으로 동적/정적 질량을 조절한다. 나무는 비非목질 부위와 죽은 조직을 떼어버린다. 어떤 나무는 해가 가면서 고도의 보호상태로 변한 목재심재를 가지고 있다. 나무는 병원체에 의해 감염된 목재변색된 목재, 부패한 목재, 물에 젖은 목재를 구획화한다.

자연상태의 숲에서 나무가 질량과 에너지의 법칙 하에서 생존하는 기본적인 방법은 두 가지가 있다. 하나는 나무가 느린 속도로 생을 시작하여 계속 느린 속도로 자라는 것이다. 다른 방법은 산림의 임관林冠, canopy에서 우점적 위치優點的位置, dominant position에 이를 때까지 빨리 자라는 것이다. 그리고 나서 동일 세력 줄기를 많이 형성한다. 그래서 나무의 상부가 둥글게 된다.

자연림 속의 나무는 빨리 자라기 시작하지만, 임관에서 우점적 위치를 차지하게 될 만큼 빨리 자라지는 않기 때문에 죽게 된다. 동적인 질량이 이용 가능한 에너지를 초과하기 때문이다. 나무가 에너지 고갈로 죽기 전에 병원체들이 침입하여 남은 에너지를 소진시킨다.

똑같은 과정이 가지에도 적용된다. 가지와 나무가 죽는 데 그늘은 하나의 중요한 요소이다. 그러나 유일한 요소는 아니다. 그래서 죽어가는 큰 나무의 가지보다 더 그늘진 곳에서 천천히 자라는 작은 나무를 발견할 수 있다.

동일 수종에서 크고 우점적인 나무나 작고 왜소한 나무 모두 동적인 질량 대비 이용 가능한 에너지 비율이 1:1을 초과해서 자랄 수는 없다. 나무가 나이가 들어감에 따라, 동적인 질량의 증가뿐만 아니라 번식을 위한 에너지가 필요하다. 그리고 가지와 뿌리가 죽고 더 많은 상처를 입으면서 나무는 자기방어를 위해 더 많은 에너지를 사용한다.

어떤 점에서는 가지 하나하나가 나무다. 수간의 성장은 가지들이 자랄 수 있는 공간을 제공하는 것이다. 하지만 수간이 커지고 목질의 뿌리가 커짐에 따라 가지는 더 많은 에너지를 공급해야 한다. 수간의 변재와 뿌리는 가지에 있는 잎으로부터 에너지를 얻어야 한다. 가지가 약화되고 작아지면 가지는 죽어간다. 그러나 어리고 작은 나무는 이러한 문제가 없다. 어린 나무는 모두 동적인 질량이기 때문이다.

이 이론은 분재, 격자 시렁, 두목전정이 어째서 나무를 오랫동안 같은 크기로 유지하는 전정방법인지를 설명하는 데 도움이 될 것이다. 이러한 기술은 질량과 에너지의 비례를 1:1로 유지시켜준다.

이런 원리를 알고 있으면 어린 나무가 많은 정지를 견디는 이유를 설명하는 데 도움이 된다. 어린 나무는 많은 가지를 제거할 수 있고, 그래도 여전히 건강하게 살 수 있다. 그러나 나이든 나무에게 같은 처치를 하는 것은 심각한 손상이 될 것이다. 이는 두목 상태가 파괴되면 나무가 항상 뿌리 부위에 심각한 훼손을 받는다는 것을 설명하는 데도 도움이 된다.

이러한 논의에서 몇 가지 중요한 점을 요약해보면 다음과 같다.

사람은 움직인다. 무엇이든 움직이면 에너지를 소모한다. 사람은 회복한다. 회복하는 속도가 소모하는 속도를 능가하는 한, 그리고 회복/소모 비율에서 회복이 우위를 유지할 수 있는 충분한 에너지가 있는 한, 생명은 유지될 것이다.

나무는 움직이지 않는다. 나무는 생산체계이며 계속 자라간다. 질량을 계속 키우는 체계는 그 체계를 가동하는 데 이용할 수 있는 에너지 이상으로 질량을 키우는 위험에 빠진다. 새로운 위치에서 새로운 조직을 생성하는 속도가 노후한 위치에서 낡은 조직이 파괴되는 속도를 앞서는 한, 그리고 생성에 유리한 비율을 유지할 수 있는 에너지가 있는 한 생명은 유지될 것이다. 이것은 올바른 전정을 통해 나무의 생장을 조절할 수 있다는 의미이다.

전정은 나무가 어릴 때 시작해야 하고, 원하는 수형에 따라 정기적으로 실시해야 한다. 전정을 하면 질량 대 에너지의 비율이 바뀌게 된다. 어린 나무에서 그 비율은 에너지에 치우쳐 있다. 정지를 통해 많은 양의 살아 있는 조직을 제거하더라도 상처는 거의 없다. 질량과 에너지의 비율이 1:1인 오래된 나무를 전정할 때에는 살아 있는 조직을 조금만 제거해도 나무를 해치게 된다.

아무리 노력해도 큰 나무를 전정해서 작고 건강한 나무가 되도록 할 수는 없다. 올바른 전정을 통해 작은 나무를 건강하고 작은 나무로 오랫동안 유지할 수는 있다. 하지만 어떤 수단을 동원하더라도 모든 생명체는 궁극적으로는 죽는다. 그러나 생명시스템을 올바로 관리하면 양질의 삶을 살 수 있는 기간을 연장시켜줄 것이다.

생명을 유지하는 원리와
죽음에 이르는 원리는 **같은 것**이다

　열역학의 법칙은 다른 방법으로 바꿔 설명될 수 있다. 우리는 영원히 살 수 없다. 단지 일정기간 살 수 있을 뿐이다. 우리는 완벽한 질서를 유지하는 동안은 살 수 있다. 그러나 언제까지나 완벽한 질서를 유지할 수는 없다.
　생명은 이러한 법칙과의 시간 게임이다.
　생명은 세포 내에서 움직임이 순간적으로 완벽한 질서를 이루는 상태이다.
　나무의 독특한 특징은 강한 기계적인 지지시스템이다. 강한 세포벽이 나무의 모든 부분으로 하여금 강한 지지력을 갖게 한다. 이것 때문에 나무는 다른 어떤 생물체보다 더 크게 자란다. 이것은 좋은 소식이다.
　나무는 생산체계이다. 살아남기 위해서는 새로운 위치에 새로운 세포를 계속 생성해야 한다. 이러한 체계에서 질량이 그 질량을 유지하기 위해 활용할 수 있는 에너지를 초과하면 나무는 바로 죽게 된다.
　나무는 자신의 질량을 조절함으로써 살아남는다. 나무는 일부 조직을 버리고, 오래된 부분은 정적인 질량으로 바꾼다.
　에너지를 초과하는 질량으로 인해 생기는 문제를 해결하기 위한 견제와 균형의 노력에도 불구하고, 불가피한 일은 여전히 발생한다. 질량 대 에너지의 비율이 1:1을 유지하더라도 나무 전체의 정적/동적 질량은 계속 커진다.

새로운 위협이 시작된다. 기계적인 붕괴다. 나무가 분리되기 시작하는 것이다. 이것은 나쁜 소식이다.

나무의 디자인은 이들이 한데 모여서 자라는 산림에서 만들어진다. 나무들이 서로 가까이 자람으로써 서로를 보호하고 서로 기계적인 붕괴를 막아준다.

우리는 나무를 숲에서 가져와서 별도로 심었다. 이것은 나무에게는 생소한 환경이다. 도시에서 자라는 나무는 숲에서와는 달리 낮은 가지가 크게 자란다. 나무의 구조가 바뀌는 것이다.

많은 사람들에게 건강한 나무란 빨리 자라는 나무를 의미한다.

여기서 또 다른 문제인 기계적 붕괴에 봉착하게 된다. 나무는 자라면서 스스로 문제를 만든다. 바람, 얼음, 눈 등은 큰 가지를 부러뜨리는 원인이 된다.

나무가 유전적으로 조직된 크기 이상으로 자란다는 것은 병에 걸린 것이다. 질병은 생물체에게 손상을 주거나 죽음에 이르게 하는 비정상적인 생리학적 또는 해부학적 과정이다.

나무가 너무 크게, 너무 빠르게 자라서 그 나무의 질량 대 에너지 비율을 능가하게 되면, 그 나무는 병에 걸린 것이다. 그런 상태가 계속되면 그 나무는 죽을 것이다. 나무가 너무 빨리, 너무 크게 자라서 자신의 구조적 한계를 넘고 이로 인해 일부 기관들이 파손되기 시작하면, 떨어져 나간 부분은 죽는다. 파손에 의해 생긴 상처는 나무의 다른 부분을 훼손한다. 그래서, 크게 빨리 자라는 것이 정말 더 좋은 것인가? 이것이 우리가 도시에 심을 나무에서 정말 원하는 것인가? 하는 의문을 갖게 된다.

올바른 전정은 이상생장이라는 질병의 위협을 받고 있는 나무를 돕는 중요한 수단이다. 이것이 우리가 우리들의 세계로 들여온 나무를 전정해야 하는 주된 이유이다.

전정은 단순한 가지제거와는 차원이 다르다. 전정은 나무로부터 무엇을, 얼마만큼, 언제, 어떻게, 얼마나 자주 제거하고, 나무를 건강하고 안전하게 유지하기 위해 나무를 어떻게 다루어야 하는지를 알아내기 위해 나무를 이해하는 것이다.

사람의 경우, 외과의사는 단순히 잘라내는 것 이상의 진료와 치료를 한다. 외과의사는 모든 신체를 이해해야 한다. 즉, 우리는 나무를 이해해야 한다. 그렇게 되면 올바른 전정은 예술이나 과학이 될 것이다. 그리고 상식의 문제가 될 것이다.

나무 전정의 역사

　전정은 가장 오래된 나무관리법 중의 하나이다. 사람은 나무의 크기와 모양을 조절하기 위해, 꽃과 과일, 목재의 양과 질을 높이기 위해, 그늘과 방풍을 위해 전정을 했다. 모든 관리는 인간을 위해서였다.

　전정에 대한 수많은 책과 논문이 발표되었다. 그런데 왜 우리는 아직도 수많은 그릇된 전정을 목격하게 되는 것일까? 여기에는 몇 가지 이유가 있다.

　나무 전정은 정원용, 과수용, 산림용, 분재용의 4가지 독립된 분야에서 발전해왔다.

　정원의 나무들은 크기와 모양을 조절하고 꽃의 양과 아름다움을 증대시키기 위해 전정을 했다. 정원 전정은 형상수, 격자 시렁, 가지 엮기, 두목전정 등으로 나타났다. 이러한 전정 관행은 모두 많은 시간과 기술이 필요했고, 반복적으로 이루어졌다.

　과수원 전정은 과실의 질과 양을 증대시키고 수확을 용이하게 하기 위해 행해졌다. 임목林木 전정은 상품으로서의 나무의 품질을 증진시키기 위해 행해졌다. 임목 전정은 거리를 두고 심어진 속성수의 품질을 유지하기 위해서 행해졌다.

일정한 간격을 띄어 나무를 심으면 빨리 자라지만 낮은 가지가 더 오래 살아남는다. 이런 경우, 낮은 곳에 있는 큰 가지는 전정을 해주어야 한다.

분재는 크기와 모양을 극도로 조절하기 위해 행해졌다. 이제, 주택개발업자가 숲 속에 주택을 위한 대지를 조성할 때, 집 주인은 정원에는 나무를, 집 뒤에는 과수를, 안뜰에는 분재를, 집과 전선 근처에는 방풍림과 빨리 자라는 나무를 원할 것이다.

혼란의 시작

집 주인은 전정에 대한 책에서 형상수와 두목전정에 대해 본 기억이 있다. 그런데 왜 임목과 과수에는 같은 전정방식을 적용할 수 없을까? 작은 나무의 줄기는 자를 수 있는데, 큰 나무는 왜 안 될까? 큰 나무가 작은 나무처럼 다루어진다면 무분별한 가지제거를 당하게 될 것이다. 그런데 그러한 가지제거가 두목전정이라고 잘못 불리고 있다. 과수와 화목花木은 깎기 전정을 당해서 관목이나 장미 덤불처럼 둥그렇게 될 것이다.

- **포인트** 전정에 관한 책 가운데 나무의 건강을 우선시하는 관점에서 전정을 논하는 책은 거의 없다. 너무 많은 책들이 모든 나무를 관목, 장미, 나무딸기 등과 마찬가지로 취급하고 있다.
- **또 다른 이유** 사람들은 수세기 동안 가지를 잘라내는 방법에 대해서만 들어왔다. 가지가 나무에 어떻게 연결되어 있는지를 설명하는 과학논문이 발표된 것은 1985년에 이르러서의 일이었다. 이 연구 결과로 가지 연결의 해부학적 구조와 가지의 기부에 있는 자연방어시스템에 대해 좀더 잘 이해할 수 있게 되었다.

- **포인트** 가지의 해부학적 구조를 이해하고 나면 가지를 올바르게 자르는 방법을 알게 될 것이다.
- **다음 이유** 사람들은 전정이 상처를 유발한다는 것을 알았다. 그리고 상처는 반드시 '치유'될 것이다. 유상조직 – 사실은 새살임 – 을 상처가 치유되는 징후라고 여겼다. 전정의 상처가 크면 클수록 유상조직은 더 크다. 상처가 크면 클수록 나무 내부의 부패 부위도 더 크다. 하지만 그들은 이제 상처가 어떻게 '치유'되는지를 알아냈으므로, 부패를 멈추게 하는 상처도포제를 발견하는 것은 다른 사람들의 책임이라고 여겼다. 그러나 이러한 도포제는 아직 나타나지 않았다.

마지막으로, 사람들은 나무는 매우 크고 강하기 때문에 무슨 짓을 당해도 살아남을 것이라고 생각한다. 나무가 어디까지 견딜 수 있고 나무에게 유익한 것이 무엇인지에 대해서는 아직도 커다란 혼란이 있다. 플라타너스, 참피나무, 버드나무 같은 나무는 무분별한 가지제거를 견뎌낼 수 있다. 그렇다고 무분별한 가지제거가 나무에게 좋다는 것은 아니다.

- **포인트** 이제 나무의 건강을 우선시하는 데 초점을 맞추어야 할 시점이다. 건강한 나무는 많은 것을 오랫 동안 제공해 줄 것이다.

한스 마이어
베겔린 박사와 전정의 역사

1936년, 한스 마이어 베겔린Hans Mayer-Wegelin 박사가 전정에 관한 훌륭한 책을 출간했다. 이 책은 유럽에서 전정의 새로운 시대를 여는 밑그림을 제시했다. 이 책은 가지보호지대와 전정을 어떻게 해야 하는가에 대한 오랜 논쟁에 대해 설명하고 있다. 그 중에 일부를 아래에 인용한다. 전정에 대해 정말 관심이 있는 사람이라면 이 책이 엄청난 가치가 있음을 알게 될 것이다. 이 책의 영어 번역본이 코네티컷주 햄덴에 있는 미국 산림청 도서관에 '번역Translation 364'로 보관되어 있다.

인용
과거 독일의 산림전문가들은 두 번에 걸쳐 대규모 전정을 실시했는데, 18세기에 한 것이 처음이고, 그 다음이 19세기 마지막 3/3분기였다. 두 번의 집중적인 전정이 있은 후에는 한동안 전정에 대한 혹평이 이어졌고, 그 후에는 모두들 잊어버렸다.

그러나 18세기의 전정은 혁신적인 것이 아니었다. 전정은 16세기의 다양한 산림법령에 기술되어 있고, Hausvater라는 잡지에 실린 논문에 언급되어 있으며, 칼로위츠Carlowitz의 〈자연조림학 Wilde Baumzucht〉

에 게재되어 있다. 프랑스와 벨기에서는 전정에 관한 별도의 동업조합이 결성되어 있는 등 하나의 전문직으로 취급되어 상당한 발전을 이루었다.

당시에는 전정이 꽤 많이 이루어졌을 뿐만 아니라, 전정 자체가 그렇게 형편없는 정도는 아니었다.

그러나, 대규모 전정 이후 수십 년간 산림가들 사이에서는 전정에 대한 극심한 불신이 만연했다.

이런 관점에서 드 쿠르발De Courval의 전정에 관한 논문은 새로운 길을 열었다. 줄기의 부패를 가져오는 기존의 방법인 그루터기를 남기는 참나무 가지제거법 대신, 가지를 줄기에 평탄하고 가깝게 제거하고 상처에 즉시 두꺼운 타르를 칠하여 보호하는 새로운 방법을 소개했다.

임학 논문에서 전정을 줄기의 솟아오른 곳 직전에서 해야 하는지, 아니면 솟아오른 곳의 안쪽으로 해야 하는지에 대해 상당한 논쟁이 있었다.

활엽수의 죽은 가지 기부에서는, 죽은 목재가 살아 있는 목재줄기에서 측면으로 자라나온 지점로부터 거의 언제나 깨끗하게 분리되었다. "어둡고 가는 선이 경계선을 가리킨다." "죽은 너도밤나무 가지 기부의 단면을 보면 가는 적갈색의 분리층이 있는데, 이것이 바깥의 죽은 부분과 여전히 수액과 녹색으로 가득 찬 가지의 내부를 명확하게 구분하고 있다."

색깔이 검은 부분은 틸로시스tylosis, 물관부에 있는 전충(塡充)세포군가 형성되어 있고 상처점성물질이 집적되어 있는 보호지대이다. 나무는 죽은 가지를 에워쌈으로써 살아 있는 목재의 활동을 방해하는 데 대항해서 자신을 보호한다.

너도밤나무와 비슷한 방법으로 다른 활엽수도 가지 기부에 이러한 보호층을 형성한다.

보호층의 형성은 가지의 형성층에서 시작하여 바깥으로부터 목재 안쪽으로 확산된다. 이것은 살아 있는 세포의 존재 여부에 달려 있다.

침엽수 역시 죽은 가지의 기부에서 송진의 축적에 의해 독특한 보호층이 형성된다.

전정의 역사는, 1세기에 걸친 임학 실습으로부터 얻은 경험과 이에 대한 지속적인 소개에도 불구하고, 전정이 임업에 도움이 되는 방안으로 받아들여지지 않았음을 말해주고 있다. 그 이유는 많은 경우 전정이 목재의 가치를 높이기보다는 낮추는 결과를 가져왔기 때문이다.

전정 논문에서 자주 논의되어온 질문이 있는데, 다름 아닌 전정에 있어서 절단이 가지의 기부에 솟아오른 부위 안쪽으로 이루어져야 하는가, 아니면 그 바로 위에서 이루어져야 하는가 하는 점이었다. 1756년에 뷔흐팅Büchting이 가지는 솟아오른 고리의 바로 위를 잘라야 한다는 주장을 하고 난 후, 이 문제는 많은 간행물에서 다루어졌다. 대부분의 기고가들은 가지의 솟아오른 부위의 안쪽으로 톱질을 하는 쪽에 동조했는데, 이 주장은 솟아오른 부위 위를 자르는 것보다 상처 부위 자체는 크지만 상처가 더 빨리 치유된다는 사실에 근거를 둔 것이다.

가지의 기부에 솟은 부위가 있는 위축된 살아 있는 가지를 전정할 경우, 솟아오른 부위 안쪽으로 자르는 것이 더 빠른 치유를 가져올 수도 있다. 이 문제에 대한 설명은 키에니츠Kienitz의 논문을 참조하기 바란다.

그러므로, 가능한 한 빠른 치유를 위해서 가장 실용적인 절단은 가지 기부의 솟은 부위 안쪽으로 이루어져야 한다. 논문에서 이러한 전정 규정에는 또 다른 추가적인 요구조건이 있다. 전정 절단은 줄기에 가깝게 이루어져야 하지만, 그렇다고 너무 가까이가 아닌, '가지 기부 근처의 나이테 바로 위' 정도가 좋다는 것이다. 줄기 표면에 가능한 한 가까이 전정함으로써 생긴 상처가 가장 빨리 치유된다.

1756년에 뷔흐팅은 가지깃은 훼손되거나 제거되어서는 안 된다고 말했다. 많은 나무 작업자들이 수세기 동안 같은 말을 해왔다. 그러나 아직도 깃이 잘려지고 보호지대가 파괴되고 있다. 그 이유는 커다란 유상조직새살을 치유의 징후로 여기고, 목재를 죽은 조직으로 여기며, 상처도포제가 부후를 중단시킨다고 여기고 있기 때문이다. 이런 잘못된 믿음으로 인한 문제는 오늘도 여전히 우리 곁에 존재한다.

로버트 하티그 박사와 전정

많은 이들이 로버트 하티그Robert Hartig 박사를 수목병리학의 아버지로 여기고 있다. 그런데 하티그 박사는 모리츠 윌콤Moritz Willkomm 박사를 수목병리학의 아버지로 여기고 있었다. 윌콤 박사의 책은 수목의 질병에 관한 초기의 책들 중 가장 훌륭한 책들 중 하나이다. 윌콤 박사의 유일한 문제는 부패가 곰팡이를 유발한다고 믿는 것이었다. 드베리DeBary를 비롯한 여러 사람들의 연구가 있은 후, 하티그 박사는 곰팡이가 부패를 유발한다는 것을 증명했다.

여러분이 독일어를 읽지 못한다 해도 하티그의 책 중 마지막 세 페이지는 쉽게 이해할 수 있을 것이다. 그는 책의 19, 20, 21페이지에 가지보호지대를 명백히 보여주는 그림을 그려놓았다. 그는 죽은 가지가 떨어져나가고 난 후의 보호지대를 보여준다. 그리고 올바른 자르기와 그릇된 자르기를 한 수간의 내부를 보여준다. 새살의 고리가 올바른 자르기를 한 주변을 둘러싸고 있다.

여기서 내가 다시 말하고자 하는 것은, 이 모든 것들이 오래 전에 이미 잘 알려져 있었다는 사실이다. 사실 하늘 아래 새로운 것은 거의 없다.

수세기 동안 세 가지 어리석은 전설유상조직이 치유를 의미한다, 목재는 죽은 것이다,

상처도포제가 부패를 멈추게 한다의 우수한 연구가의 견실한 연구를 가로막아온 사실을 생각하면 슬퍼진다.

나는 월터 리스Walter Liese 교수와 동료들이 최근에 발표한 논문을 보고 매우 기뻤다. 그들은 영문 요약의 마지막 줄에 "라임나무에 대한 이러한 결과들은 샤이고가 북미 활엽수에서 관찰한 것, 즉 가지의 깃 위를 자른 것보다 평절이 나무에 더 큰 피해를 입힌다는 것과 일치한다."라고 썼다. 이 논문은 1756년에 같은 말을 한 뷔흐팅을 상기하는 데 도움이 될 것이다. 과학은 발견보다는 재발견에 의해 발전한다.

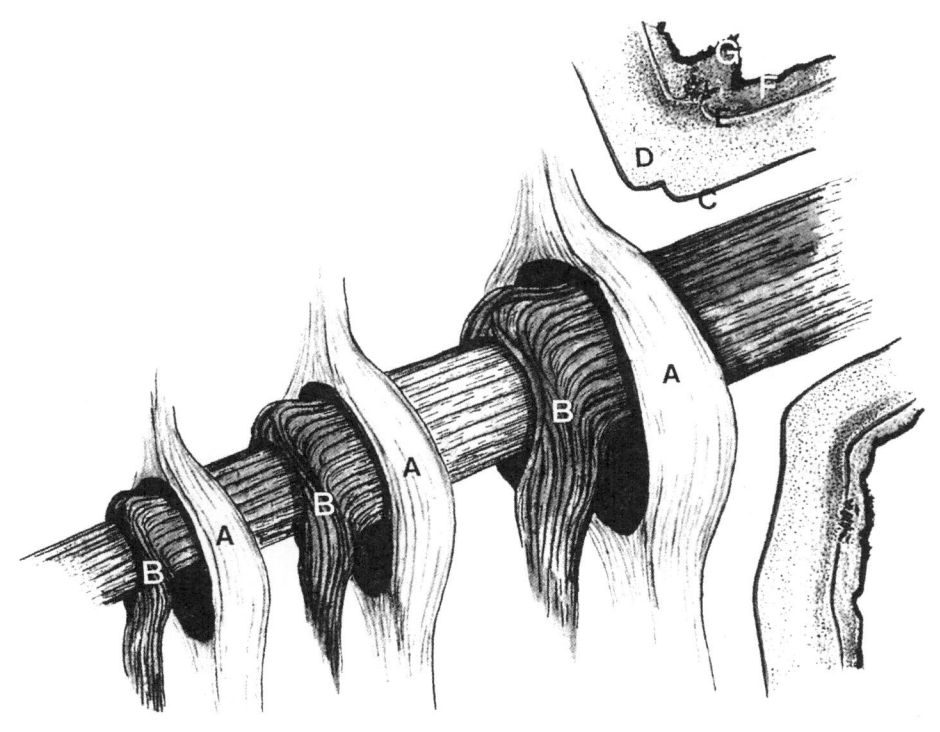

가지 해부 모형

위 그림에서는 수간깃A과 가지깃B을 보여주기 위해 세 개의 나이테를 떼어놓았다.

위 그림에 보이는 다른 조직들은 형성층 구역C, 내수피 또는 사부D, 內樹皮/篩部, inner bark/phloem, 수피형성층E – bark cambium, 외코르크수피F – outer corky bark, 그리고 지피융기선G이다.

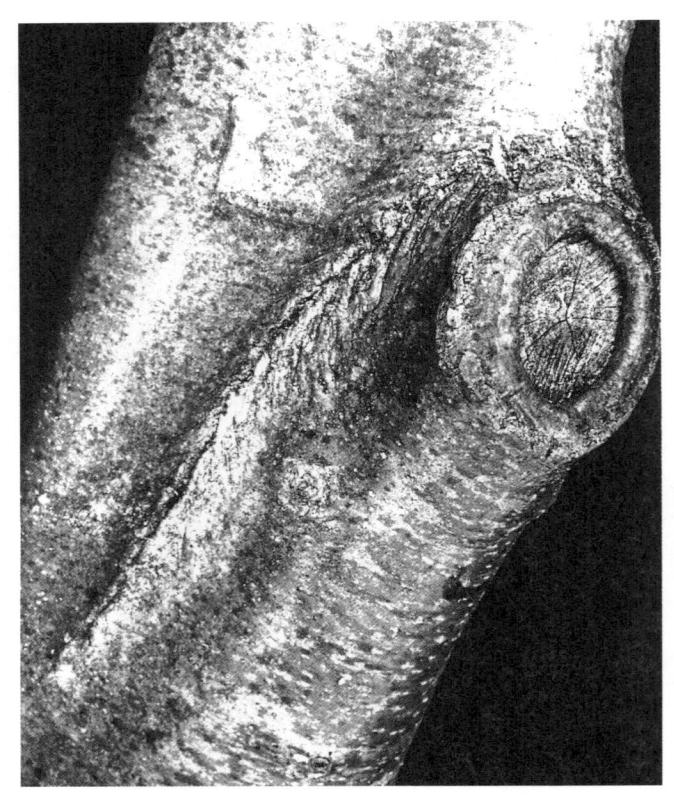

올바른 자르기 후의 새살
전정이 올바르게 되었다면 다음 생장기에 새살의 고리가 형성될 것이다.

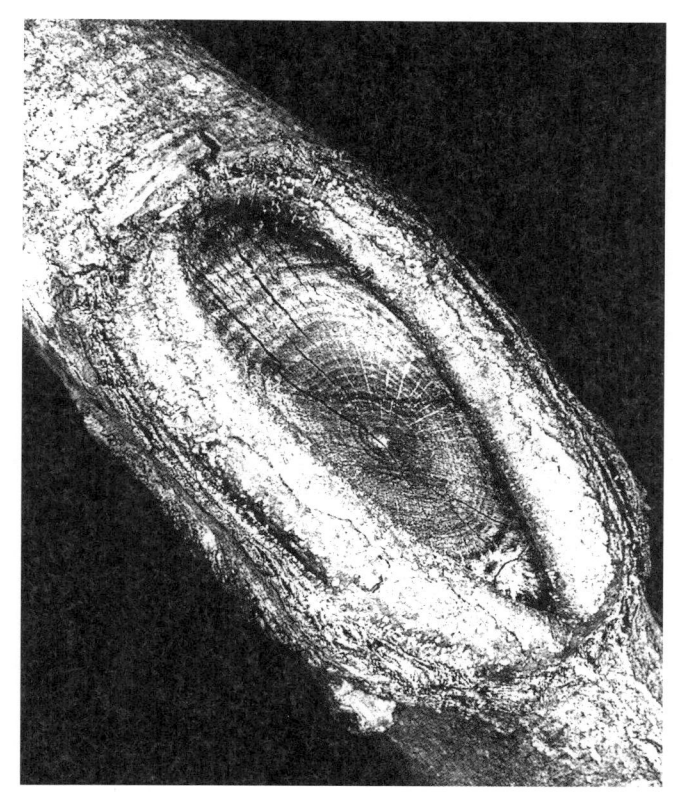

그릇된 자르기 후의 새살
전정이 잘못되었다면 새살은 상처 주변이나 상처 부근 일부에만 형성될 것이다.

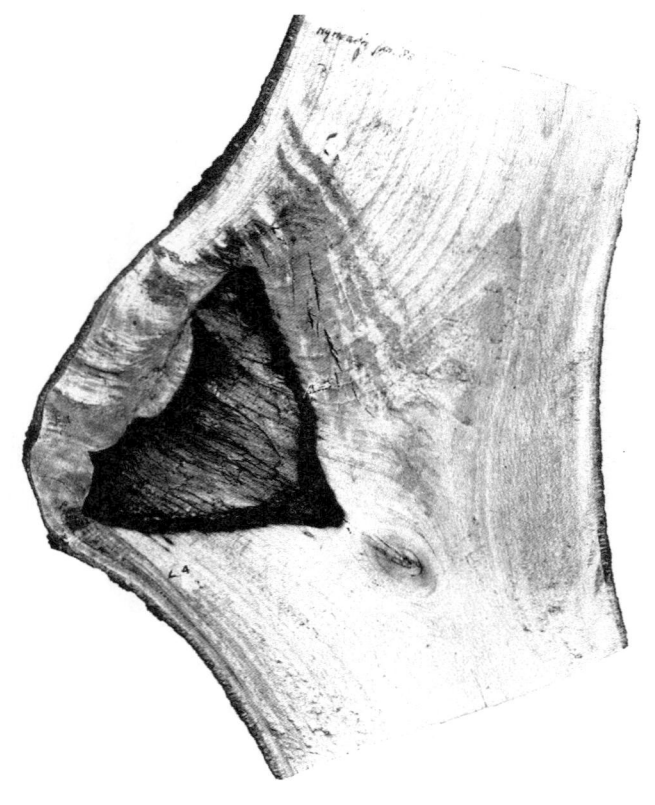

사진 제공 : R. B. L. DeDorschkamp, Wageningen

가지보호지대

네덜란드 유럽산 너도밤나무에 올바른 전정을 하고 난 9년 뒤의 모습이다.
원뿔 모양의 보호지대 내에 있는 목재는 완전히 부패되었다. 상처는 봉합되었고 부패의 진행은 종료되었다.
변색된 목재의 경계선은 부패한 목재를 건전한 목재로부터 분리시켰다.
자연적인 경계선을 훼손하는 처치는 나무의 가장 중요한 보호체계를 파괴한다.

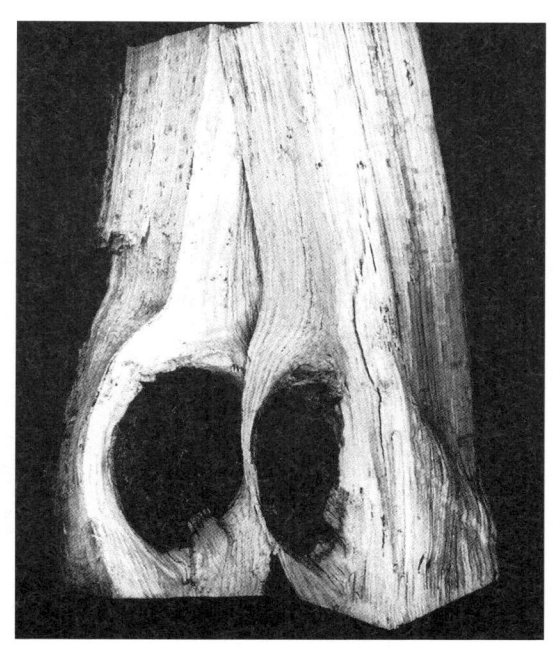

오래된 나무의 큰 가지 전정

위 사진은 전정한 지 50년이 된 아이오와주에 있는 졸참나무White Oak의 모습으로, 잘 봉합되고 구획화되었다. 절단부 아래에 조그마한 고사枯死, 마름현상가 발생했다. 오래된 나무에서 큰 가지를 전정하면 가지 아래의 수간에 어느 정도의 고사가 발생할 수도 있다. 새살에 의해 고사 부위의 경계가 드러날 때까지 기다렸다가 죽은 수피를 제거한다. 고사가 발생할 장소를 예측하려고 애쓰지 마라. 큰 가지의 경우 수간깃이 가지깃을 완전히 감싸지 못할 수도 있으며, 이것이 작은 고사 부위가 생길 수 있는 이유이다.

체인톱이 등장하기 전까지는 대부분의 전정은 올바르게 되었다. 왜냐하면 손을 쓰는 일반톱으로 자르기를 할 때는 올바르게 자르는 것이 가장 쉽기 때문이다.

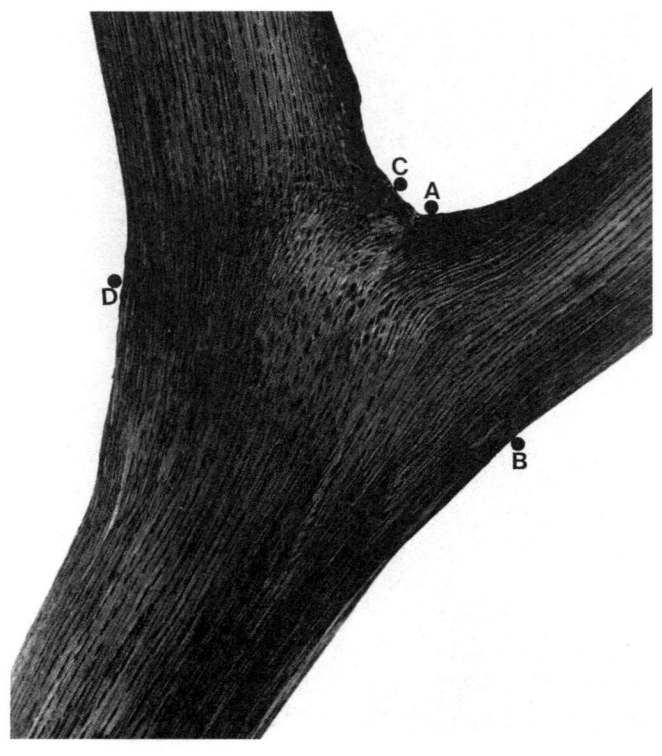

동일 세력 줄기

동일 세력 줄기의 결합을 보여주기 위해 루브라참나무의 수피를 제거했다. 줄기의 연결 부위에는 깃이 없다. 오른쪽 줄기를 제거하기 위해서는 B에서 A로 잘라야 하고, 왼쪽 줄기를 제거하기 위해서는 D에서 C로 잘라야 한다.

수간깃 trunk collar

위의 루브라참나무 표본에서는 수간깃이 가지깃을 감싸고 있다. 가지를 제거하려면 깃에 가능한 한 가까이 잘라야 한다.

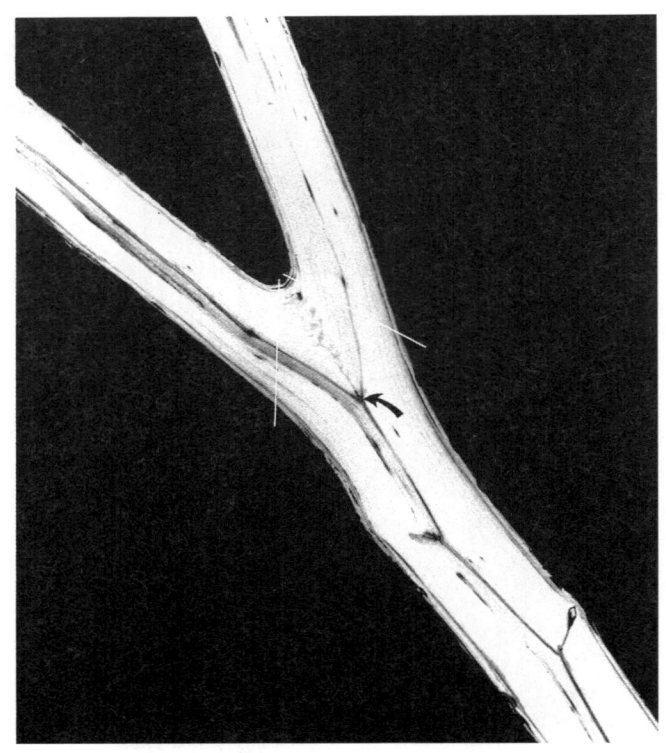

미국 느릅나무의 동일 세력 줄기

1. 화살표가 동일 세력 줄기의 출발점을 보여준다. 강한 결합을 나타내는 U자형 동일 세력을 주목하라. 각 줄기에 대한 올바른 절단선을 흰 선으로 보여주고 있다.

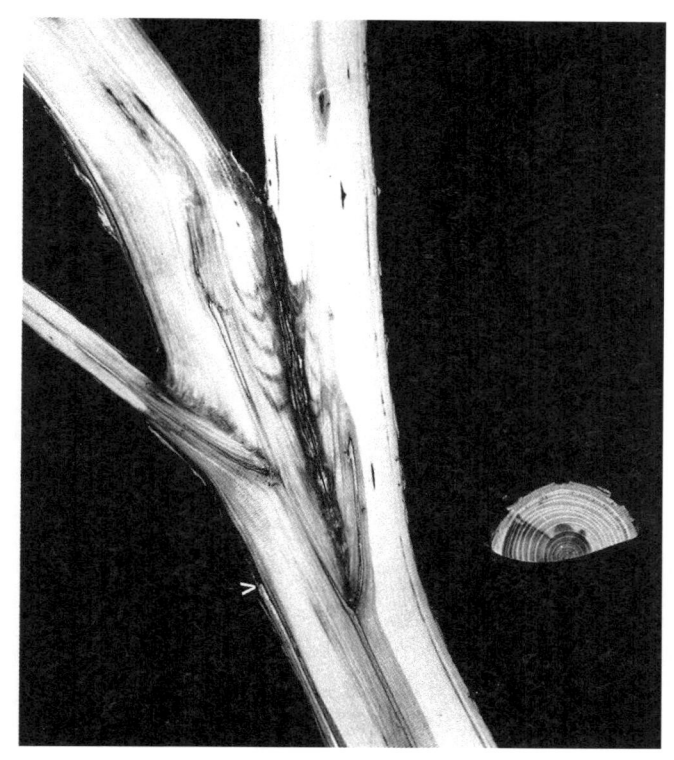

2. 동일 세력 줄기 사이에 수피가 매몰되어 있다. 두 줄기가 압착하면서 줄기 내부의 목질이 변색되어 죽었다. 왼쪽 줄기는 느릅나무마름병을 일으키는 곰팡이Ophiostoma ulmi에 감염되어 죽었다. 감염은 수간 왼쪽의 줄기 연결 부위 아래에 머물러 있다. 병원체는 한 줄기에서 다른 줄기로 확산되지 않는다. 화살표가 가리키는 지점이 아래로 퍼지던 병원체가 정지한 곳이다. 좁은 나이테 하나가 감염된 목재를 형성층으로부터 분리시키고 있다.

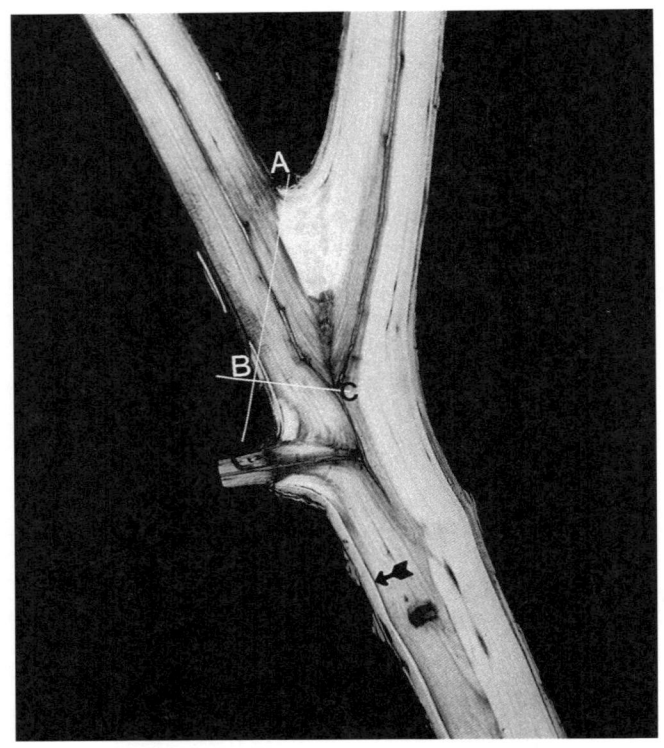

3. 위 사진에서 동일 세력 줄기 중 왼쪽이 감염된 것이고 오른쪽은 건강한 줄기다. 이 사진은 줄기 사이에 매몰된 수피가 없는 것을 제외하고는 197페이지 사진 과 비슷하다. 올바른 자르기는 A에서 B 방향이 될 것이다. 줄기의 결합은 C에서 시작된다. 점 A는 줄기 동일 세력 내에 있는 수피융기선에 가까이 있다. 점 B는 수피융기선의 아래 끝점 C에서 직선을 그은 지점이다. 화살표는 건강한 목재의 가는 나이테를 보여준다. 병원체는 점 B에서 정지되어 있다. 얇은 띠의 건강한 목재는 병원체가 점 B에서 정지되고 난 후에 형성된 목재이다. 병원체는 오른쪽 수간으로 전파되지는 않았다.

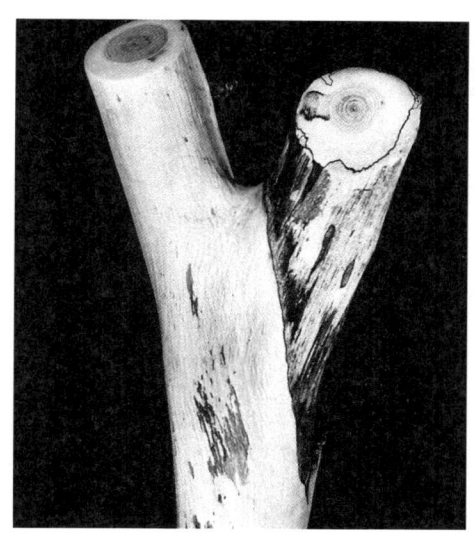

4. 살아 있는 줄기의 깨끗하고 건강한 목재를 주목하라. 죽은 줄기의 미생물이 살아 있는 왼쪽 줄기로 확산되지 않았다.

　이 미국 느릅나무의 사진을 보여주는 이유는 병원체가 나무 안에서 마음대로 확산되지는 않는다는 것을 재차 강조하기 위해서다. 느릅나무나 참나무의 감염된 가지나 동일 세력 줄기를 올바르게 전정하면, 병원체는 감염된 줄기나 가지에 연결된 조직 내에 머물 것이다. 건강한 가지를 바르게 전정할 경우 생길 수 있는 최악의 사태는 가지 아래의 줄기 목재에 가느다란 선 모양으로 감염이 발생하는 것이다.

　참나무시듦병을 유발하는 곰팡이에 감염된 참나무나, 느릅나무마름병을 유발하는 곰팡이에 감염된 느릅나무에게 발생하는 실질적인 피해는 평절 때문에 나타난다. 상처를 더욱 악화시키는 것은 전정을 할 때 등반 스파이크를 사용하고 나서는 상처를 감추기 위해 상처도포제를 사용하는 것이다.

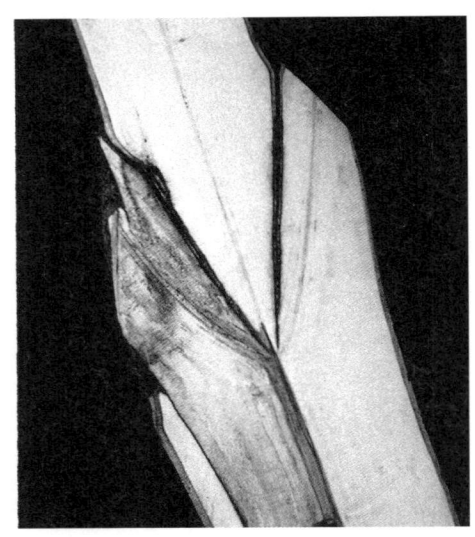

매몰된 수피 가지의 올바른 전정

사진의 왼쪽 가지는 이 나무를 자르기 2년 전에 전정을 했다. 가지와 수간 사이에 매몰된 수피를 살펴보면 절단 부위 아래에 형성층이 조금 고사되었다. 감염은 전정 당시의 조직 내에서 아래쪽으로만 진행되었다. 전정 후에 건강한 조직이 형성되었다.

오른쪽은 이 단풍나무를 자를 때 올바르게 전정되었다. 매몰된 수피를 가진 가지를 전정할 때에는 항상 예비절단을 먼저 해야 한다. 그 다음 가지그루터기를 자른다. 가지 위쪽의 수간을 훼손해서는 안 된다. 매몰된 수피를 가진 가지는 어떻게 절단되든, 옹이의 윗부분은 돌출된 가지그루터기와 동일하다. 유상조직이나 새살은 자른 부위 아랫부분에서 형성되며, 윗부분에서 형성되는 경우는 드물다. 매몰된 수피를 지닌 가지는 가끔 수간 깊숙이 묻혀 있다. 그 가지를 제거하기 위한 절단을 시도하되, 수간에 상처를 주지는 않도록 하라.

단속斷續적으로 매몰된 수피

매몰된 수피는 가지의 분기 내에서 가지와 수간의 형성층이 안쪽으로 향할 때 발생한다. 어떤 가지는 생장하면서부터 매몰된 수피를 가지고 있다.

위 사진에서 화살표는 캐나다 솔송나무Canadian hemlock의 매몰된 수피가 가지의 안쪽 부분에서 끝나는 지점을 보여준다. 나이테가 화살표 윗부분에서 바깥쪽으로 향해 있다. 매몰된 수피는 유전적 특질의 영향을 강하게 받는 것으로 보이지만, 다른 요인도 있는 것으로 판단된다.

나는 매몰된 수피는 가지와 수간이 동시에 자랄 때 형성된다고 믿는다. 산림에서는 보통 가지가 수간보다 먼저 자란다. 나무를 우리들의 세계로 들여오면서 나무의 생장 유형이 바뀌어 나무 전체가 동시에 자라게 되었다.

유상조직과 새살

상처는 살아 있는 조직이 받은 손상이다.
상처가 살아 있는 나무의 목재를 훼손하고 나면 장기간에 걸쳐 일련의 생리학적, 해부학적 현상이 일어난다. 첫 번째 반응은 전기電氣적인 것이다. 다음으로 화학적 변화가 발생한다. 살아 있는 유세포柔細胞, parenchyma cell 안에 저장되어 있는 에너지는 오랜 생화학적 과정을 통하여 목재에 서식하는 대부분의 미생물을 억제하는 물질로 변환된다. 그 물질은 미생물이 목재 내부로 확산되는 것을 저지하는 경계선을 형성한다. 그 경계선은 수액의 운반, 에너지 저장, 그리고 나무의 기계적 지지시스템을 방어한다. 이 경계선 일대를 반응지대라고 부른다.
상처 주위의 형성층 구역이 생장을 다시 시작하면, 새로이 형성된 세포는 분화하여 훼손 당시의 목재와 경계선 형성 이후 생길 새로운 목재를 분리하기 위한 경계선을 형성한다. 그 구분하는 경계선을 방벽지대라고 부른다.
상처의 가장자리에는, 형성층 구역이 유상조직이라고 불리는 미분화되고 목질화되지 않은 동질의 세포를 생성한다. 유상조직의 생성이 계속됨에 따라, 그 세포 중 일부는 운반세포도관, 導管/vessel, 가도관, 假導管/tracheid와 섬유질을 형성하기 위해 분화하기 시작한다. 이 세포들이 목질화하기 시작하면 새살을 갖게 된다. 새살은 상처 부위에 퍼져가는데, 이는 생장하는 이 세포를 막는 장애물이 없기 때문이다.
1925년, 할레Halle 대학교 식물연구소의 E. 퀴스터Küster 교수가 병리학적 식물해부학에 대해 두껍고 자세한 책을 썼다Küster, E. 1925. Pathologische Pflanzenanatomie, Fisher, Jena, 558p. 이 책에서 그는 상처가 생긴 후에 일어나는 변화를 대단히 자세히 묘사하고 있다. 그는 유상조직과 새살, 그리고 유상조직과 상처봉합 코르크조직의 차이에 대해 확고하게 증명하고 있다. 영어 번역본이 미국 산림청 도서관에 있다.

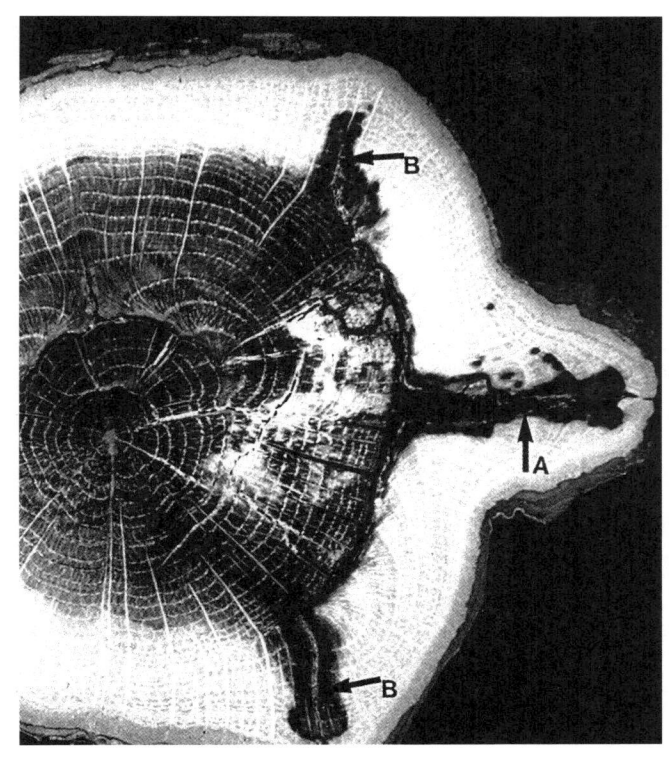

균열, 젖은 목재와 가지의 파손

균열은 수간이나 가지 파손의 주된 출발점이고, 균열의 주된 출발점은 상처이다. 젖은 목재는 가끔 균열 주위에 진행된다.

젖은 목재는 산소가 희박한 곳에서 자랄 수 있는 박테리아가 원인이다. 그 박테리아는 세포 내용물과 세포 사이의 물질을 분해하고 변화시킨다. 이러한 활동의 결과로 감염된 목재는 수분과 미생물 함유량이 높고 pH가 높은 상태가 된다. 그러나 감염된 목재 내에서의 이러한 변화 때문에 목재를 부식시키는 곰팡이는 젖은 목재를 감염시키지 못한다. 그래서 한편으로는 젖은 목재가 생물학적으로 보호능력을 지니고 있다고 볼 수 있다.

평절에 의해 생긴 상처도 사진의 루브라참나무에 난 상처와 비슷하다. 새살의 띠가 결국은 상처를 봉합한다. 균열 A를 1차적 균열이라고 부른다. 새살의 띠 중에서 처음 몇 개가 상처 가장자리에서 안으로 말려 들어가면서 2차적 균열B이 진행된다. 2차적 균열은 내부에서 시작하여 밖으로 퍼진다. 젖은 목재는 가끔 2차적 균열을 따라서 진행된다. 큰 측지에 균열이 있으면 2차적 균열이 외부로 확산되어 수피 밖으로 확대된다.

2차적 균열이 외부로 확산됨에 따라 그 가지는 두 개하나는 윗부분, 다른 하나는 아랫부분의 외팔보cantilevered beam와 비슷하게 된다. 2차 균열을 따라 존재하는 젖은 목재가 습도를 유지하고 있으면 그 가지는 휘어지겠지만, 건조해지기 시작하면 부러질 것이다.

가지는 두 가지 이유로 부러진다. 하나는 목재의 저항강도를 초과하는 부하負荷이고, 다른 하나는 가지의 결함 있는 부위가 더욱 약화되었을 때이다. 약한 부위가 더욱 약해지면 추가적인 부하 없이도 부러진다. 어떤 가지는 부하가 가지의 강도를 초과하면눈, 바람, 얼음, 비, 또는 과잉생장 등으로 부러진다. 여기서 중요한 점은 젖은 목재를 가진 2차적인 균열 부위가 건조해지기 시작하면 추가적인 부하 없이도 가지가 부러질 수 있다는 사실이다.

낙지 落枝, cladoptosis

많은 나무에서 크고 작은 가지가 계속 떨어져 나간다. 이러한 탈락과정을 '낙지잎이 떨어지듯이 가지가 줄기에서 떨어지는 현상'라고 부른다. 코르크층이 가지의 기부에 형성된다. 오른쪽 사진의 나무는 호주의 *Brachychyton*이라는 나무이다. 이 나무는 큰 가지도 탈락시킨다.
이 나무가 크고 작은 가지들을 탈락시키는 것을 보면 염려하는 사람들도 있을 것이다. 여러분의 나무에서 이러한 낙지가 일어나면 정상적인지 여부를 전문가와 상의해볼 필요가 있다.

전정도구

최초의 전정도구는 무거운 칼과 도끼였다. 막대기로 나무에 붙어 있는 죽은 가지나 죽어가는 가지를 쳐서 떼어내는 식으로 전정이 행해지기도 했다. 지금은 매우 다양한 전정도구들이 있다. 압축공기로 작동하는 가위, 유압장비, 프로판 동력 가위, 체인톱, 회전 날, 그 외에 셀 수 없이 다양한 장비의 대부분은 올바른 자르

기라고 여겨졌던 평절을 위해 설계된 것들이다. 이제야말로 새로운 도구를 고안해야 할 때이다.

사진은 분재를 하는 사람들이 사용하는 두 가지 도구이다. 왼쪽 도구는 측면에서 자를 때 사용하는데, 종종 가지그루터기를 남긴다. 오른쪽 것은 Mellon ball cutter라고 부르며, 가끔 수간을 너무 깊이 잘라낸다. 도구는 그것을 사용하는 사람에게 달려 있다. 가지그루터기를 만들거나 보호지대를 제거하지 않도록 주의를 기울여야 한다. 과도한 절단은 쉽다. 올바르게 사용하는 한 전정의 기구들은 훌륭한 도구이다. 자른 뒤에는 새살의 고리를 찾으면 전정이 올바르게 되었음을 알 수 있을 것이다.

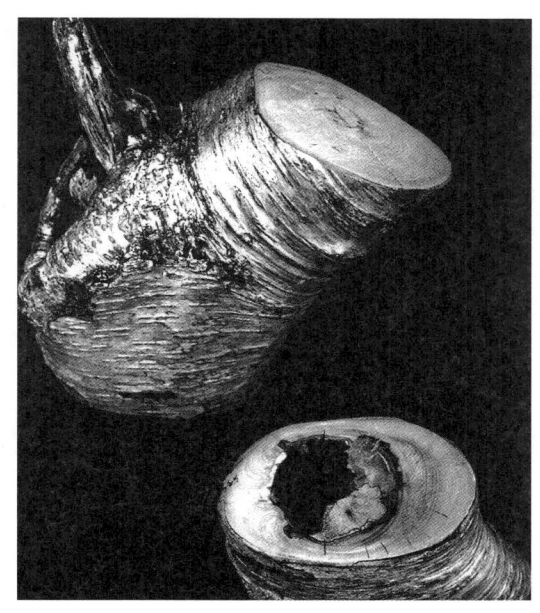

공동의 치료

공동은 종종 평절이나 그루터기를 남기는 자르기 후에 생긴다. 사진은 같은 표본의 상단과 하단을 보여주고 있다. 동일 세력 줄기에 그루터기를 남겨둔 곳에서 공동이 형성되었다.

공동이 물로 채워져 있더라도 물을 빼내기 위해 구멍을 뚫으면 안 된다. 그 구멍이 부패를 에워싸고 있는 경계선을 파괴시킬 것이기 때문이다. 만약 치료가 필요하다면 물을 뽑아낸 후 부패된 곳을 제거하고 팽창하는 발포성수지로 채운다. 공동을 청소할 때에는 부패 부위를 둘러싸고 있는 경계선을 훼손하거나 파손하지 않아야 한다. 목재를 살균하거나 살균된 상태로 유지할 수는 없다. 공동을 청소할 때 새살을 훼손하거나 제거하지 않도록 주의하여야 한다. 상처도포제를 아무리 많이 사용하더라도 나무의 자연적인 보호능력을 대체할 수는 없다.

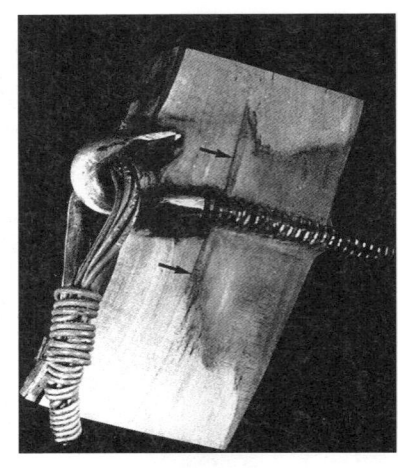 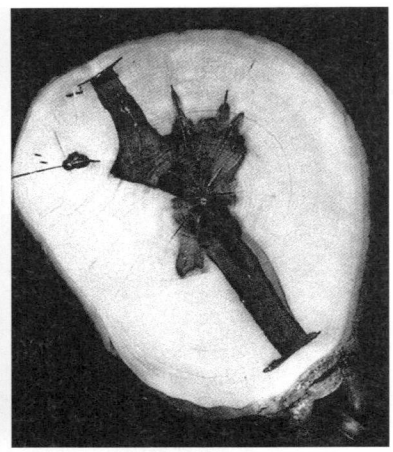

줄당김 cabling 과 쇠조임 bracing

약한 결합을 가진 가지는 전문가가 적절한 당김줄이나 조임쇠를 설치함으로써 강화시킬 수 있을 것이다.

왼쪽 사진처럼 나사못은 부패가 없는 작은 가지에 사용될 수 있다. 화살표는 시공 당시의 줄기의 크기를 보여주고 있다. 줄을 설치한 후에 형성된 목재 때문에 줄당김이 더 오래 지속된다. 윗부분이 열려 있는 나사못을 이용할 때에는 열려 있는 끝부분이 수피 안으로 들어갈 때까지 회전시키지 않도록 한다.

큰 가지나 내부에 결함이 있는 가지에는 줄기를 관통하는 철심이나 볼트를 사용한다. 양쪽에 둥근 와셔washer와 너트nut를 설치한다 오른쪽 사진. 목재에 둥근형의 와셔를 넣을 때는 목재에 대해 수평이 되도록 하고 도구들이 목재에 너무 깊이 박히거나 수피 표면에 위치하지 않도록 주의하여야 한다.

절대로 철선이나 밧줄로 가지들을 한데 묶지 않게 작업한다.

당김줄과 조임쇠의 안전을 늘 점검하고 삽입구 근처에 약한 조직이나 균열이 있는지 찾아보고 문제가 있다면 그 가지는 제거한다.

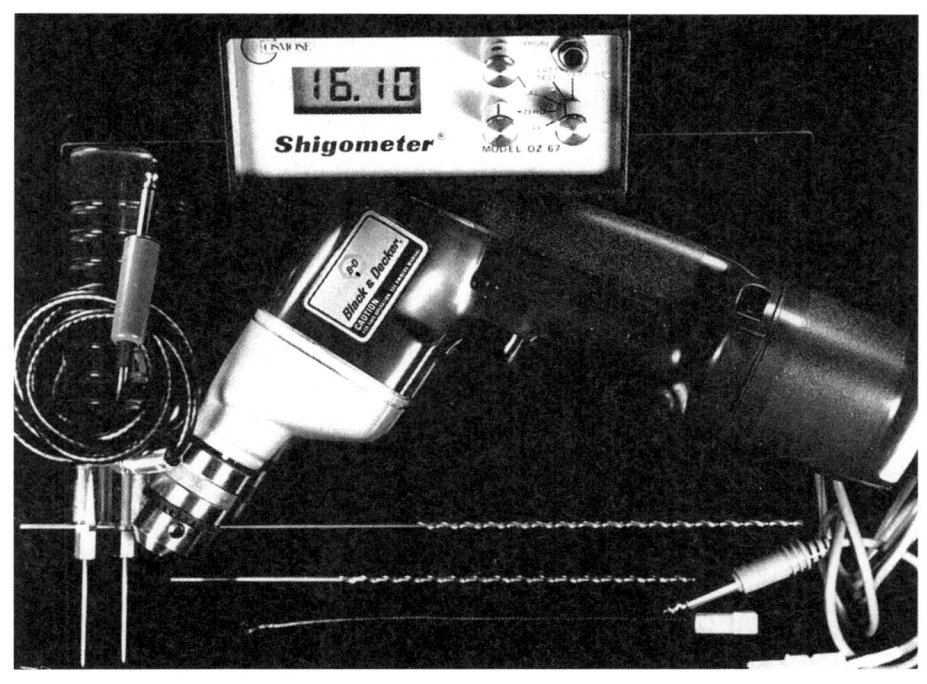

샤이고측정기 Shigometer

뿌리, 수간, 가지 내의 부패는 샤이고측정기로 정확하게 탐지할 수 있다. 현재 사용되고 있는 장비는 여러 가지가 있는데, 작동방법은 같다. 수간 속으로 직경 2~3mm의 작은 구멍을 뚫는다. 그 구멍으로 특수 전극을 천천히 넣는다. 그 전극은 펄스화된 전류를 발생시키며, 전류에 대한 저항을 옴ohm으로 측정하는 계기와 연결되어 있다. 전극의 끝이 구멍 속의 목재와 접촉하면 전기저항이 계기의 표면에 나타난다. 저항이 급격히 하락하면 통상 부패했음을 나타낸다.

이 기계를 올바르게 사용하기 위해서는 구획화에 대한 확실한 이해가 필요하다. 또한 실습과 기술이 필요하다. 쉽지는 않지만 한번 배우고 나면 굉장히 많은 양의 정보를 얻을 수 있다.

드릴의 끝에 의해 만들어진 작은 구멍은 경계선을 파괴하지만 구멍이 너무 작기 때문에 나무는 상처 난 조직을 재빨리 에워싸버릴 수 있다. 이런 작은 상처는 얻어지는 정보에 비하면 아무것도 아니다.

침針, needle으로 된 전극은 나무의 활력을 측정하기 위해 사용될 수 있다.

CODIT 나무 내 부후의 구획화

CODIT는 구획화의 표본이다. CODIT는 Compartmentalization Of Decay In Trees 나무 내 부후의 구획화의 약어이다.

구획화는 병원체의 확산을 저지하기 위해 경계선이 형성되는 부위에서 일어나는 나무의 방어과정이다. 경계선은 수액 운송, 에너지 저장, 기계적인 지지시스템을 방어한다. 경계선이 일부 목재로의 감염을 제한하고 있는 동안 대부분의 목재는 수액 운송, 에너지 저장, 기계적인 지지를 위한 활동 상태를 유지할 것이다.

구획화는 두 부분으로 진행된다. 우선, 훼손 및 감염될 당시의 목재 내부에 경계선이 형성되는 것으로, 이것이 반응지대이다. 그 다음, 경계선은 훼손 당시의 목재와 경계선이 형성된 다음에 계속해서 형성되는 세포, 이 두 조직을 분리하는 새로운 세포를 만드는데, 이것이 방벽지대이다.

CODIT도 두 부분으로 되어 있다. Part 1은 벽 1, 2, 3으로 표시된다. 이 벽들은 반응지대를 3차원으로 보여준다. Part 2의 벽 4는 방벽지대를 보여주는 전형적인 모습이다.

벽 1, 2, 3이 반응지대를 나타내는 모델이다. 벽 1은 상처의 상하 수직으로의 확산을 저지하는 모든 요소를 보여주고 있다. 도관vessel과 가도관tracheid은 다양한 방법검, 과립성 물질, 전충체(tylosis), 막공(膜孔, pit) 폐쇄, 색전(塞栓, embolism), 미생물

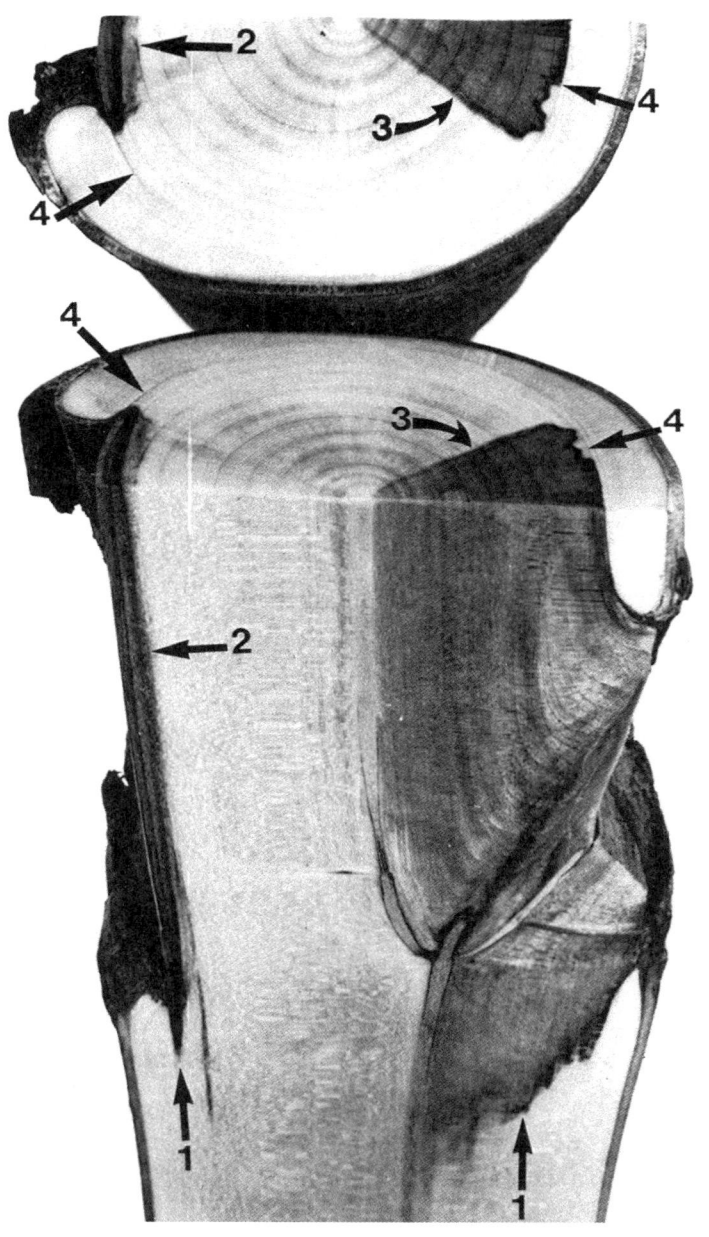

등으로 폐쇄될 수 있을 것이다. 벽 2는 감염의 내부 확산을 저지하는 모든 요소들을 보여준다. 벽 3은 감염의 수평적인 확산을 저지하는 모든 요소들을 보여준다. 벽 1은 항상 가장 약하고 벽 3은 Part 1에서 가장 강하다.

벽 4는 벽 3보다도 강하다. 어떤 나무에서는 방벽지역이 목전질木栓質, suberin, 미생물에 의한 파괴를 저지하는 코르크를 만드는 조직 을 함유하고 있음을 보여주고 있다. 앞211p. 사진은 2년 전에 오른쪽 줄기의 보호지대를 제거한 단풍나무이다. 왼편은 같은 시기에 크지만 얕은 상처가 있었다. 숫자는 CODIT 벽을 표시한다. 이 사진을 보면, 나무에서는 크더라도 얕은 상처가 가지보호지대가 제거된 상처보다 훨씬 손상이 적다는 것을 보여준다. 같은 종種의 나무 중에서도 상대적으로 훨씬 강한 경계선을 형성하는 나무가 있다.

나무의 위해

• 우리가 해야 하는 질문 13가지 •

질문에 대한 자신의 생각을 전문 나무관리사와 상의하라.
그러면 나무에게 도움을 줄 수 있을 것이고, 한 생명을 구할 수도 있을 것이다.

1. 위협받는 대상
   나무가 넘어지면 차, 집, 전선 또는 사람을 덮칠 것인가?

2. 나무의 형태
   나무가 정상적인 수형을 넘어서 위험한 형태로 자랐는가?

3. 이력
   나무가 최근에 가지를 잃은 적이 있는가?

4. 가장자리 나무
   최근에 가장자리에 키가 큰 나무를 남겨둔 채 주변 나무들을 베어냈는가?

5. 죽은 가지
   죽은 상단부나 가지가 있는가?
   그 나무가 죽지는 않았는가?

6. 균열
수간과 가지에 깊고 노출된 균열이 있는가?

7. 분기 균열
줄기의 연결 부위 아래에 깊고 노출된 균열이 있는가?

8. 살아 있는 가지
살아 있는 큰 가지가 가지 자르기를 한 후 급격히 아래쪽이나
위쪽으로 휘어지는가?

9. 수간 자르기
큰 나무의 수간이 제거된 부위에서 큰 가지가 빠르게 자라고 있는가?

10. 강풍 피해
부러진 가지나 갈라진 수간, 훼손된 뿌리가 있는가?
가지가 전선에 가까이 접근하고 있는가?

11. 뿌리 부패
뿌리에 곰팡이의 자실체, 즉 버섯 형태가 있는가?
뿌리가 건설공사에 의해 상처를 받았는가?

12. 부후와 궤양
자실체가 있는 공동이나 궤양이 있는가?
그 나무가 기울어져 있는가?

13. 건설공사로 인한 상처

뿌리, 수간, 가지가 훼손된 적이 있는가?
훼손된 뿌리 위에 새로운 잔디밭이나 정원을 만들었는가?

경고!

어떤 나무가 위해한지를 예측하기는 무척 어렵다. 나무에 문제가 있다고 생각되면 나무전문가나무관리사와 상의하라.

문제를 스스로 해결하려고 하지 마라.

문제를 해결하기 위해서는 피해 대상물을 치우거나, 나무의 일부 또는 전부를 제거하거나, 약한 부위에 줄당김이나 쇠조임을 할 필요가 있을지도 모른다. 다시 한 번 강조하면 이런 작업들은 훈련된 전문가의 작업이다.

자신의 나무를 아름답고 건강하고 위해하지 않은 나무로 유지하기 위해서는 전문가와 함께 작업해야 한다.

올바른 식재와 전정

나무를 제대로 심은 후에 해야 하는 가장 중요한 관리 중의 하나가 바로 올바른 전정이다. 다음은 올바른 식재에 대한 몇 가지 중요한 포인트이다.

- 자신이 무슨 종류의 나무를 원하는지 알아야 한다.
- 자신이 어떤 식재 입지를 가지고 있는지 파악한다.
- 자신의 입지에 가장 적합한 나무가 무엇인지 전문가로부터 조언을 받는다.
- 자신의 입지가 양지인가(A), 음지인가(B), 습한가(C), 건조한가(D)?
- 토질이 사질 또는 푸석푸석한가(E), 치밀 또는 점토질인가(F)?
- 산도(pH)가 높은가, 낮은가?

상처가 있거나 죽은 뿌리H와 가지J는 제거하고, 지상부와 뿌리 크기의 균형을 맞추기 위해 살아 있는 가지를 제거하지 마라.

나무를 심을 장소K, L가 작은 구멍이 되지 않도록 미리 준비한다. 나무를 지탱하고 있을 토양K을 포함하여 넓은 부위의 토양을 부드럽게 만들어준다.

식재 장소에 흙이 부족하거나 건축폐기물로 이루어져 있지 않은 한 어떤 것으로도 토양을 개량하지 않는다. 토양개량제를 사용할 경우, 식재 장소에 그 개량제를 잘 섞어준다.

만일 장소를 선택할 수 있다면, 배수를 해야 하는 장소보다 관수를 해야 하는 장소에 나무를 심는다. 매우 습하거나 심한 점토질의 입지에서는 흙 둔덕 위에 심을 수도 있다. 흙 둔덕의 크기는 최소한 직경이 3m, 중앙의 높이가 0.5m는 되어야 한다. 흙 둔덕을 조성할 때, 흙 둔덕 아래의 기존 흙은 부드럽게 만들어야 하고, 흙 둔덕의 흙과 섞어주어야 한다.

잘 발효된 나무 부스러기나 다른 멀칭자재로 나무의 기부M를 얇게 덮어주어도 좋다. 그러나 많은 양의 생나무 부스러기는 사용하지 마라. 나무의 기부 위에 관

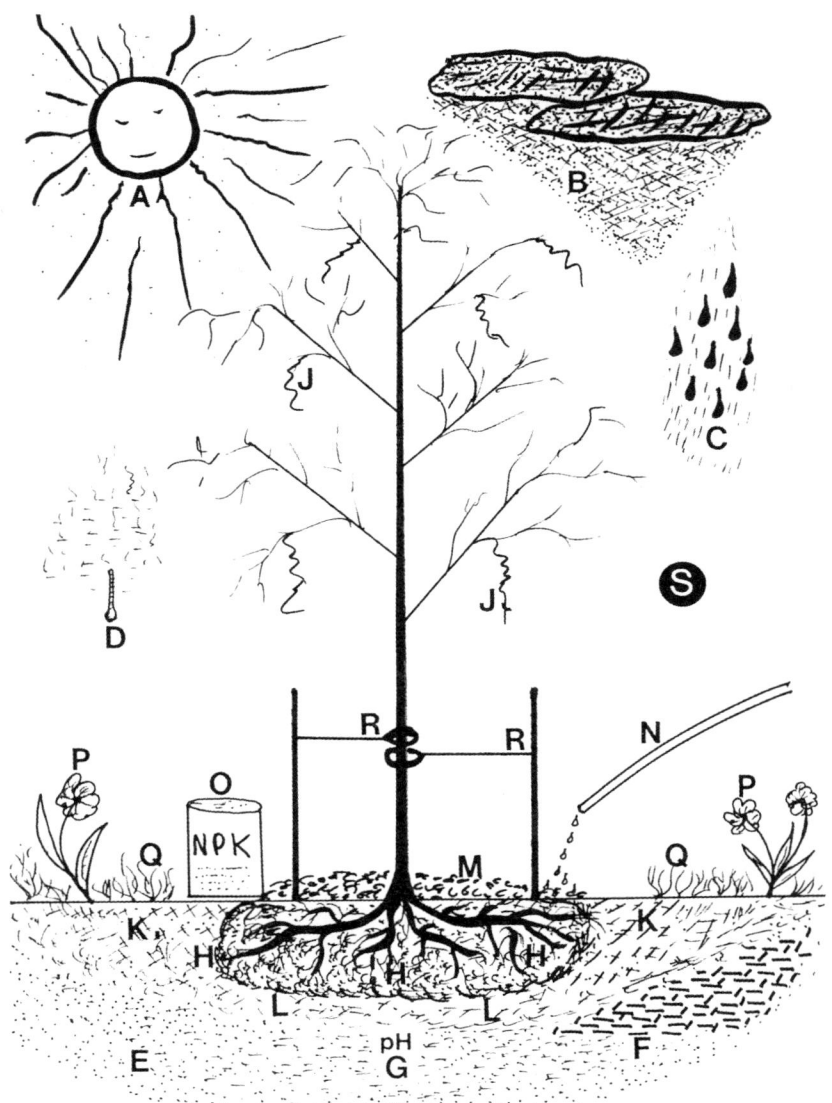

수N를 잘해야 한다.

잎이 생성되고 나서 가볍게 비료를 주도록 한다.

비료를 줄 때에는 항상 물을 뿌려준다.

나무를 심을 때 흙에 비료를 넣지 않는다.

꽃, 잡초P, 잔디Q는 나무의 기부로부터 격리시켜야 한다.

나무가 땅에 고정되지 않으면 수간이 약간 움직일 정도로 줄당김을 하고 나무에 안정성을 줄 수 있도록 가능하면 수간에서 낮은 부위에 줄당김을 하는 게 좋다. 호스 안에 전선을 사용하지 않으며 수간에 못이나 나사못을 박지 않는다. 수피를 훼손하지 않도록 평탄한 끈을 사용한다. 나무가 정착되면 보통 1~2년이 걸림 당김줄을 제거해준다.

나무를 포장하는 것은 주로 결점을 감추기 위한 것이다. 따라서 수간에 포장이 되어 있는 나무는 사지 않는 것이 좋다.

자신이 원하는 수형을 만들기 위해서는 잎이 형성된 후에 전정을 시작한다S. 그리고 수형을 유지하기 위해서는 적절한 기간 동안 전정을 계속해주도록 한다.

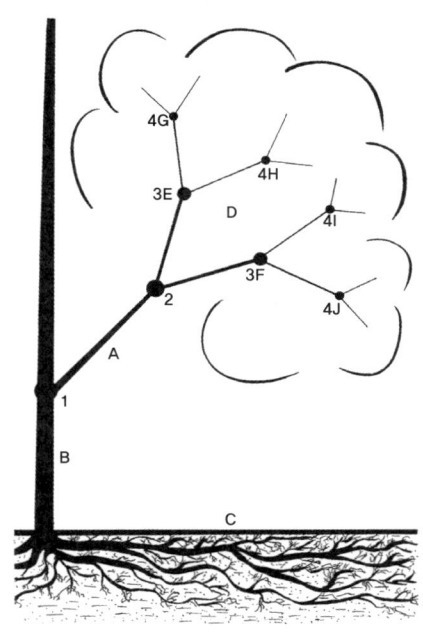

전정과 에너지

D에 있는 잎활엽 또는 침엽은 방어와 생식을 위해, 목재 내 살아 있는 세포와 A, B, C, D의 내수피에 에너지를 공급해야 한다.

어리고 작은 나무에서는 하나의 가지가 각각 4G, 4H, 4I, 4J, 또는 3E, 3F, 또는 2의 지점에서 제거될 수 있다. 또는 1의 위치에서 가지 전체가 제거될 수도 있다.

나무 나이가 들어가고 가지 A, B, C가 더 커지면, D의 살아 있는 목재의 제거는 점차 줄여야 한다. 성숙하거나 과성숙한 나무에서는 죽은 가지, 죽어가는 가지, 병든 가지, 위해한 가지만 제거되어야 한다. 전정 후에 많은 맹아지가 자란다면 D부분이 과도하게 전정된 것이다.

전정, 시비,
그리고 생물계절학

생물계절학phenology은 계절적 자연현상 또는 자연변화의 적시성을 연구하는 학문이다. 나무는 생물계절학적으로 다음의 다섯 단계를 갖는다.

1) 생장의 시작 2) 잎의 형성 3) 목부와 내수피의 형성 4) 에너지 저장 5) 휴면.

나무와 공생하고 있는 생물체에도 생물계절학적인 시기가 있다. 1) 생장의 시작 2) 성숙 3) 생식 4) 새로운 서식지로의 이동 또는 기존 서식지의 확장 5) 휴면상태 등. 나무와 이웃하고 있는 생물체 중 어떤 것은 나무에게 유익하고 어떤 것은 잠재적으로 유해하다. 일부 공생하는 미생물은 환경이 적합하면 몇 분 이내에 다섯 단계를 완성할 수 있다. 가장 유해한 공생체는 나무의 1기와, 4기와 5기 사이에 가장 활동적이다.

각 단계는 에세이 주제와도 같다. 한 가지 주제에도 다양한 관점이 있듯이, 각 단계도 환경적인 요인에 의해 크게 영향을 받는다. 추운 기후에 사는 나무는 더운 기후에 사는 나무와는 다른 생물계절학적 유형을 갖는다.

나무의 다섯 단계에 대해 자세히 살펴보자.

■**1기** : 비목질뿌리대부분 균근(菌根)가 토양으로부터 수분과 무기양료를 흡수한다.

나무에 흡수되는 질소와 기타 원소들은 녹기 쉬운 무기물 형태여야 한다. 유기물의 분자는 탄소를 함유하고 있고, 탄소는 수소와 산소에 결합되어 있다. 무기물 분자는 탄소를 함유하고 있지 않다. 유기물질이 토양에 혼합되면 미생물이 그 물질을 변화시켜 녹기 쉬운 무기질로 만든다. 질소가 무기물의 형태로 나무 속으로 들어가면, 대부분의 질소는 탄수화물과 결합하여 아미노산을 만든다. 아미노산은 원형질을 만드는 물질이다. 따라서 최종적인 결과는 더 많은 조직을 만드는 것이다.

- **2기** : 잎이 형성되는 시기이다. 전년도에 형성된 눈으로부터 잎이 형성됨에 따라 잎의 겨드랑이에서, 일부 침엽수의 경우에는 가지 끝에서 새로운 눈이 만들어진다.
- **3기** : 목재와 내수피가 형성되는 시기이다. 일부 나무는 2기와 3기에 꽃과 과실을 만든다. 대부분의 나무 과실은 4기에 성숙하기 시작한다.
- **4기** : 변재에 있는 살아 있는 세포 안에 전분과 지방의 형태로 에너지가 저장되는 시기이다. 일부 생식기관은 4기에 형성된다. 상당한 수꽃이 형성되고, 이것은 다음해 1기에 꽃가루를 생산할 준비를 할 것이다. 새로 형성된 목재는 4기 후반부 동안에 전분과 지방을 저장할 것이다.
- **5기** : 는 잎이 떨어지는 시기다. 비목질의 뿌리는 4기 끝 무렵에 죽기 시작해서 5기 시작 때까지 계속된다. 오래된 비목질의 뿌리가 없어지면 새로운 비목질의 뿌리가 생긴다. 비목질의 뿌리와 공생하는 곰팡이는 보통 5기 초기에 담포자체膽胞子體나 버섯을 만들어낸다. 추운 기후에서는 비목질의 뿌리 생장은 5기 중반 동안 느리게 진행된다. 이 비목질의 뿌리는 5기 말에 다시 자라기 시작한다.

5기 동안의 비목질 뿌리의 생장과 1기의 비목질 뿌리의 기능은 목질 뿌리 내의 살아 있는 세포에 저장된 에너지에 의해 결정된다. 1기에 일부 나무의 잎, 새로운 눈, 꽃의 형성도 대부분 저장된 에너지에 의해 힘을 얻는다.

잎이 완전히 형성되면 잎에서 생산된 광합성물질은 목부Xylem, 물관와 사부 Phloem, 체관를 형성하는 일에 몰두하게 된다. 목부가 목질화되면, 이것이 목재가 된다. 대부분의 목부와 사부는 잎이 완전히 형성되고 난 후 6~8주 내에 형성된다.

5기가 시작되면, 형성층 구역과 목재의 전기저항이 증가하는데, 이는 휴면에 진입함에 따라 나무의 전기적 상태가 변화하고 있음을 보여준다. 전기저항의 증가는 샤이고측정기를 사용하여 측정할 수 있다. 두 전극침을 내수피와 목재 안으로 밀어넣는다. 파동pulse화 된 전류가 샤이고측정기의 한쪽 전극침으로 전달되고 다시 나무의 조직을 통과한 후 다른 전극침을 통하여 샤이고측정기에 있는 저항계로 되돌아온다. 이러한 자료는 자신이 전정하고 시비施肥하는 나무의 생물계절학적 시점을 알기 위해 중요하다. 그리고 잠재적인 병원체의 생물계절학적 시점을 아는 데도 중요하다.

이제 어려운 분야가 시작된다. 전정을 얼마나 해야 하고 비료를 얼마나 주어야 하는지, 그리고 이러한 일을 언제 해야 하는가 하는 문제이다. 전정을 하면 병원체가 침입할 수 있는 상처를 만들게 된다. 살아 있는 조직을 제거하면 나무에 필요한 에너지를 제공해주는 잎을 제거하는 것이 된다. 시비를 하는 것은 나무뿐만 아니라 토양에 있는 병원체에게도 영양분을 제공하는 것이다. 나무에 잎이 없는 시기에 많은 양의 녹기 쉬운 질소를 공급하면 비축된 에너지를 이용하여 아미노산이 만들어질 것이다. 비축된 에너지가 적으면 방어력이 떨어진다. 방어력이 떨어지면 항상 병원체가 공격한다.

건강하고 어린 나무의 경우, 전정의 최적기는 3기와 5기이다. 질소와 다른 영양소는 필요한 시기인 1, 2, 3기와 4기 초에 시비한다. 특히, 날씨가 추운 4기 후반까지 생장을 자극하지 않도록 주의해야 한다.

좀더 오래되고 건강한 나무의 경우, 전정의 최적기는 3기와 5기이다. 5기는 죽은 가지를 제거하기에 가장 좋은 시기이기도 하다.

나무는 동적인 질량과 에너지의 비율이 1 : 1일 때 성숙된다. 성숙되거나 과성숙된 나무에서는 병들었거나, 죽어가거나, 죽은 가지, 그리고 위해한 가지들만 제거해준다. 건강하고 성숙한 나무에게는 1, 2, 3기와 4기 초에 필요한 질소와 다른 영양분을 시비할 수 있다. 나무가 성숙한 상태에 가까워지면 질소 공급량을 줄여야 한다.

스트레스를 받은 나무에너지 비축이 낮은 나무, 병든 나무, 건설공사에 의해 손상된 나무에서는 병든 가지, 죽어가거나 죽은 가지, 그리고 살아 있지만 위해한 가지만 제거하고, 건강하고 살아 있는 가지는 제거하지 않는다. 건설공사로 제거된 뿌리와 '균형'을 맞추기 위해 건강하고 살아 있는 가지를 제거해서는 안 된다. 가지가 죽기 시작할 때까지 기다린 다음 제거하고, 어느 가지가 죽을 것인지 예측하기 위해 애쓸 필요는 없다. 그렇지 않으면 나무에게 도움이 되는 건강한 가지를 제거하게 될 것이다. 대부분의 나무에서 뿌리는 가지와 조화를 이루고 있다. 하지만 가끔 조직이 수간에서 나선형으로 올라가기 때문에 한쪽 뿌리가 나무의 반대편에 있는 가지와 연결되어 있을 수도 있다.

건설공사로 인해 상처가 생기면, 나무가 더 이상의 상처를 입지 않도록 보호하고, 나무가 관수된 상태로 유지해주고, 3기와 4기 동안에 질소를 공급할 수 있도록 묽은 비료를 추가한다. 3기와 4기 동안에 묽은 비료를 5, 6회 줄 수 있다. 1기와 2기 동안에 많은 양의 질소가 공급되지 않도록 세심한 주의를 하라. 질소는 탄수화물과 결합하여 더 많고 더 큰 가지와 잎을 만들어낼 것이다. 추가로 공급된 질소는 잠아의 생장을 자극할 것이다. 탄수화물의 비축이 낮아지면 방어력이 떨어진다. 나무가 건강을 되찾으면 다시 비료를 줄 수 있다.

큰 목질의 뿌리가 상처를 입으면, 비료를 추가로 공급하는 것은 뿌리를 부패시키는 땅속의 병원체에게 질소를 더 공급하는 것이므로 주의해야 한다. 나무가 더운 날씨에서 자랄 때에는 특히 주의해야 한다. 2, 4, 5기는 대부분의 뿌리 병원체가 가장 활동적인 시기이다.

여기서 제공하는 정보는 길잡이 정도로 활용해야 한다. 이러한 길잡이에 대해 물론 예외는 있을 수 있다. 전정이나 시비를 할 당시의 환경조건도 이러한 관리 방법들이 나무에 유익한지 여부에 영향을 주는 중요한 요소가 될 것이다.

가장 좋은 방법은 이러한 조처를 취한 후 그 나무를 관찰하는 것이다. 잘못된 조처로 인한 징후가 없는지 관찰하라. 즉, 맹아지의 과도한 생장, 나무 좀, 조기 낙엽, 죽어가는 잔 가지, 크고 작은 해충, 비정상적으로 큰 잎, 형성층 전기저항의 상승, 요드화칼륨Potassium iodide 내의 요드I_2-KI에서 보여주는 바와 같이 살아 있는 세포 내의 전분 손실 등.

나무의 건강뿐만 아니라 안전에 대한 점검도 계속해야 한다. 개인이 취한 조처의 횟수와 시점이 나무에게 유익했다면 해온 대로 계속하면 된다. 그리고 자신의 조처를 나중에 반복할 수 있도록 이러한 생물계절학적 시점을 기억해 둔다.

자신이 조처한 양과 시점이 도움이 되기보다 해가 된다면 그 양과 시점을 바꾸도록 노력하여, 같은 실수를 되풀이하지 않기 위해서는 잘못된 시점과 양이 무엇이었는지를 기억해야 한다. 우리가 나무와 나무에 영향을 주는 많은 요인들을 더 잘 이해하면 할수록 나무를 더욱 건강하고 매력적이며 위험하지 않게 관리할 수 있을 것이다.

맺는말

전정은 너무나 많은 변수를 내포하고 있기 때문에 언제나 논쟁의 대상이 되는 주제이다. 즉, 전정을 어떻게, 얼마나 많이, 무엇을, 언제, 얼마나 자주 전정할 것이며, 전정에 대한 내성에 따라, 나무의 나이에 따라, 용도별과수, 격자 시렁, 녹음, 형상수, 가지 엮기, 두목 만들기, 분재, 바이오매스, 목재, 방풍, 녹음, 햇빛 등로 어떻게 전정을 할 것인가 하는 문제들이 있다.

대답은 간단하다. 나무가 어떤 골격을 지니고 있고, 어떻게 작용하며, 스스로를 어떻게 방어하고 있는가를 알면 된다. 그러면 나무와 그 이웃에 도움이 되며, 자신이 나무로부터 원하는 것을 얻을 수 있는 전정을 할 수 있다. 그렇지 않은 상태로 전정을 하면 논쟁은 계속될 것이다.

전정은 과학과 기술, 상식의 종합이다. 과학은 우리에게 나무에 관한 정보를 제공한다. 기술은 원하는 결과를 만들어내는 방법이나 능력이다. 상식은 어떤 일을 함에 있어 올바른 판단을 활용하고 그 결과를 기억하는 것이다. 자신이 원하는 것을 얻기 위한 작업을 할 때는 자신이 과거에 한 작업을 기억하고 그대로 한다. 자신이 행한 방법이 원하지 않은 결과를 가져왔다면 그것을 반복하지 않는다. 우리는 이렇게 하고 있는가? 아니다!

반복되고 있는 가지 제거를 보라. 상식을 찾아볼 수 있는가?

상식이 없는 사람들은 규정집을 요구한다. 그리고 그런 사람들에게 이러한 규정집을 파는 사람들이 꼭 있다.

나무를 진실로 사랑하는 사람들은 나무에 대해 공부를 할 것이라고 나는 믿는다. 사랑은 이해를 의미한다.

슬픈 일이지만 사실 어떤 사람들은 나무를 좋아하지 않는다. 그리고 또 다른 사람들은 나무를 하나의 돈벌이 수단으로만 본다. 그들은 다양한 마법적 치료법을 판매하는 데 있어 무척 재빠르다. 그것이 상처도포제와 느릅나무마름병의 역사이다.

내가 가장 좋아하는 책 《과학사에서의 사턴Sarton》의 인용으로 마무리하고자 한다By George Sarton, 1962, Harvard University Press, Cambridge, Massachusetts, Page 134.

여기서 그는 나의 두 영웅, 안드레아스 베살리우스Andreas Vesalius와 레오나르도 다 빈치Leonardo da Vinci에 대해 언급하고 있다.

"다 빈치가 자신 이전의 어떠한 해부학 교수보다 더 많은 시신을 해부했다는 것은 거의 확실하다. 대학에서의 해부는 극히 드물었을 뿐만 아니라 교수들은 그런 '지저분한' 일을 하여 품위를 떨어뜨리려고 하지 않았던 것이다. 해부는 일반적으로 교수 밑에서 일하는 시체해부자에 의해 행해졌고, 교수는 교과서가 펼쳐진 높은 강단에 앉아서 가끔 지시를 내리기만 했다. 교수가 높은 자리에서 많은 것을 본다는 것은 어려운 일이었으므로, 그는 시체해부자에게보다는 자기 책에 더 많은 주의를 기울였다."

때마침, 의학 교수가 교과서를 내려놓고,
높은 의자에서 기어 내려와서,
시신에 손을 댔다.
그것이 근대 의학의 시작이다.

나무에게도 똑같이 해야 할 때이다.

이제 근대적인 수목관리학의 길을 열 때이다.

> 호기심은 발전이라는 기계장치에
> 에너지를 공급하는 연료이다.
> 유머는 윤활유이다.

참고문헌

이 책의 견해는 30년간 열심히 일해온 많은 부하직원과 동료의 도움으로 수행한 연구에 기반을 두고 있다. 아래에 연대순으로 나열한 것은 이러한 연구가 게재된 270개 간행물 중 101개이다.

전문적인 논문과 간행물

1. Shigo, A.L. 1959- Fungi isolated from oak wilt trees and their effects on Ceratocystis fagacearum. Mycologia 50: 757-769.

2. Shigo, A.L. 1960. Parasitism of Gonatobotryum fuscum on species of Ceratocystis. Mycologia 53: 584-598.

3. Shigo, A.L., CD. Anderson, and H.L. Barnett. 1961. Effects of concentration of host utrients on parasitism of Piptocephalis xenophila and P. virginiana. Phytopathology 51: 616-620.

4. Shigo, A.L. 1962. Observations on the succession of fungi on hardwood pulpwood bolts. Plant Disease Reporter 46: 379-380.

5. Shigo, A.L. 1963. Fungi associated with the discoloration around rot columns caused by Fomes igniarius. Plant Disease Reporter 47: 820-823.

6. Shigo, A.L. 1964. Organism interactions in the beech bark disease. Phytopathology 54: 263-269.

7. Shigo, A.L. 1964. A canker on red maple caused by fungi infecting wounds made by the red squirrel. Plant Disease Reporter 48: 794-796.

8. Shigo, A.L. 1965. The pattern of decay and discoloration in northern hardwoods. Phytopathology 55: 648-652.

9. Shigo, A.L. 1965. Decay and discoloration in sprout red maple. Phytopathology 55: 957-962.

10. Shigo, A.L. 1966. Organism interaction to decay and discoloration in beech, birch, and maple. Mat. und Org., Duncker and Humbolt, Berlin. 309-324.

11. Shigo, A.L. 1967. Successions of organisms in discoloration and decay of wood. Inter. Rev. For. Res. 2. Academic Press. 65 p.

12. Shigo, A. L. and E. M. Sharon. 1968. Discoloration and decay in hardwoods following inoculations with Hymeno-mycetes. Phytopathology 58: 1493-1498.

13. Shigo, A. L. and E. vH. Larson. 1969. A photo guide to the patterns of discoloration and decay in northern hardwood trees. USDA For. Serv. Res. Pap. NE 127. NE For. Expt. Stn. 100 p.

14. Shigo, A. L. 1969. How the canker rot fungi, Poria obliqua and Polyporus glomeratus incite cankers. Phytopathology 59: 1164-1165.

15. Shigo, A. L. and E. M. Sharon. 1970. Mapping columns of discolored and decayed tissues in sugar maple, Acer saccharum Marsh. Phytopathology 60: 232-237.

16. Shigo, A. L. 1970. Growth of Polyporus glomeratus, Poria obliqua. Fomes igniarius, and Pholiota squarrose-adiposa in media amended with manganese, calcium, zinc, and iron. Mycologia 62: 604-607.

17. Cosenza, B.)., M. McCreary J. D. Buck, and A. L. Shigo. 1970. Bacteria associated with discolored and decayed tissues in beech, birch, and maple. Phytopathology 60: 1547-1551.

18. Shigo, A. L., J. Stankewich, and B. J. Cosenza. 1971. Clostridium sp. associated with discolored tissues in living oaks. Phytopathology 61: 122-123.

19. Shigo, A. L. 1972. Successions of microorganisms and patterns of discoloration and decay after wounding in red oak and white oak. Phytopathology 62: 256-259.

20. Shigo, A. L. 1972. Ring and ray shakes associated with wounds in trees. Holzforschung 26: 60-62.

21. Shigo, A. L. 1972. The beech bark disease today in Northeastern United States. J. Forestry 70: 286-289.

22. Skutt, H. R., A. L Shigo, and R. A. Lessard. 1972. Detection of discolored and decayed wood in living trees using a pulsed electric current. Can.J. For. Res. 2: 54-56.

23. Hepting, G. H. and A. L Shigo. 1972. Difference in decay rate following fire between oaks in North Carolina and Maine. Plant Disease Reporter. 56: 406-407.

24. Tatter, T. A., A. L. Shigo, and T. Chase. 1972. Relationship between degree of resistance to pulsed electric current and wood in progressive stages of discoloration and decay in living trees. Can.J. For. Res. 2: 236-243.

25. Rier, J. P. and A. L Shigo. 1972. Some changes in red maple, Acer rubrum, tissues within 34 days after wounding in July. Can. J. Bot. 50: 1783-1784.

26. Shigo, A. L and W. E. Hillis. 1973. Heart-wood, discolored wood, and microorganisms in living trees. Ann. Rev. Phytopathology 11: 197-222.

27. Shortle, W. C. and A. L. Shigo. 1973. Concentrations of manganese and microorganisms in discolored and decayed wood in sugar maple. Can. J. For. Res. 3: 354-358.

28. Shigo, A. L, W. B. Leak, and S. Filip. 1973. Sugar maple borer injury in four hardwood stands in New Hampshire. Can. J. For. Res. 3: 512-515.

29. Shigo, A. L. 1974. Effects of manganese, calcium, zinc, and iron on growth and pigmentation of Trichocladium canadense, Phialophora melinii, Hypoxylon rubigino-sum, Daldinia concentrica, and Cystopora decipiens. Mycologia 66: 339-341.

30. Shigo, A. L. 1974. Relative abilities of Phialophora melinii, Fomes connatus, and F. igniarius to invade freshly wounded tissues of Acer rubrum. Phytopathology 64: 708-710.

31. Safford, L. O., A. L. Shigo, and M. Ashley. 1974. Concentrations of cations in discolored and decayed wood in red maple. Can. J. For. Res. 4: 435-440.

32. Sharon, E. M. and A. L. Shigo. 1974. A method for studying the relationship of wounding and microorganisms to the discoloration process in sugar maple. Can. J. For. Res. 4: 146-148.

33. Shigo, A. L. 1974. Biology of decay and wood quality. In Biological Transformation of Wood by Microorganisms. Walter Liese, Ed., Proc. Symposium. Wood Products Pathology. Springer-Verlag Co., Berlin, Heidelberg, New York 1975. 1-15.

34. McGinnes, E. A. and A. L. Shigo. 1975. Effects of wounds on heartwood formation in white oak. Wood and Fiber 5: 327-331.

35. Pottle, H. W. and A. L. Shigo. 1975. Treatment of wounds on Acer rubrum with Trichoderma viride. Eur.J. For. Pathol. 5: 274-279.

36. Shigo, A. L. and P. Berry. 1975. A new tool for detection of decay associated with Fomes annosus in Pinus resinosa. Plant Disease Reporter. 59: 739-742.

37. Shigo, A. L. 1975. Compartmentalization of decay associated with Fomes annosus in trunks of Pinus resinosa. Phytopathology 65: 1038-1039.

38. Shigo, A. L. 1975. Microorganisms associated with wounds inflicted during winter, summer, and fall in Acer rubrum, Betula papyrifera, Fagus grandifolia, and Quercus rubra. Phytopathology 66: 559-563.

39. Shigo, A. L. 1975. Compartmentalization of discolored and decayed wood in trees. Mat. und Org. Berlin, Belheft 3: 221-226.

40. Garrett, P. W., A. L. Shigo, andj. Carter. 1976. Variation in diameter of central columns of discoloration in six hybrid poplar clones. Can. J. For. Res. 6: 475-477.

41. Smith, D. E., A. L. Shigo, L. O. Safford, and R. Blanchard. 1976. Resistances to a pulsed electric current reveal differences between nonreleased, released, and released-fertilized paper birch trees. For. Sci. 22: 471-472.

42. Shigo, A. L. and C. L Wilson. 1977. Wound dressings on red maple and American elm: Effectiveness after 5 years. J. Arboric. 3: 81-87.

43. Shigo, A. L, W. C. Shortle, and P. W. Garrett. 1977. Compartmentalization of discolored wood and decayed wood associated with injection-type wounds in hybrid poplar. J. Arboric. 3: 114-118.

44. Shigo, A. L, W. C. Shortle, and P. W. Garrett. 1977. Genetic control suggested in compartmentalization of discolored wood associated with tree wounds. For. Sci. 23: 179-182.

45. Shortle, W. C, A. L. Shigo, P. Berry, and J. Abusamra. 1977. Electrical resistance in tree cambium zone: Relationship to rates' of growth and wound closure. For Sci. 23: 326-329.

46. Pottle, H. W., A. L. Shigo, and R. O. Blanchard. 1977. Biological control of wound hymenomycetes by Trichoderma harzianum. Plant Disease Reporter. 61: 687-690.

47. Shigo, A. L. 1977. Phialophora melinii: Effects of inoculations in wounded red maple. Phytopathology 67: 1333-1337.

48. Shigo, A. L., W. C. Shortle, and J. Ochrymowych. 1977. Shigometer method for detection of active decay at groundline in utility poles. Manual For. Serv. Gen. Tech. Rept. NE-35.

49. Shigo, A. L, N. Rogers, E. A. McGinnes, and D. Funk. 1978. Black walnut strip mine spoils: Some observations 25 years after pruning. USDA For. Serv. Res. Pap. NE-393. 14 p.

50. Shigo, A. L. and H. Marx. 1977. CODIT (Compartmentalization of decay in trees). Agric. Inf. Bull. 405. 73 p.

51. Shigo, A. L. and R. Campana. 1977. Discolored and decayed wood associated with injection wounds in American elm. J. Arboric. 3: 230-235.

52. Blanchard, R., D. Smith, A. Shigo, and L. Safford. 1978. Effects of soil applied potassium on cation distribution around wounds in red maple. Can: J.

For. Res. 8: 228-231.

53. Shortle, W. C, A. L. Shigo, and J. Ochrymowych. 1978. Patterns of resistance to a pulsed electric current in sound and decayed utility poles. For. Prod. Jrnl. 28: 48-51.

54. Walters, R. and A. L. Shigo. 1978. Discoloration and decay associated with paraformaldehyde treated tapholes in sugar maple. Can. J. For. Res. 8: 54-60.

55. Shortle, W. C. and A. L. Shigo. 1978. Effect of plastic wrap on wound closure and internal compartmentalization of discolored and decayed wood in red maple. Plant Disease Reporter. 62: 999-1002.

56. Walters, R. S., and A. L. Shigo. 1978. Tapholes in sugar maples. What happens in a tree. For. Serv. Gen. Tech. Rept. NE-47. 12 p. illus.

57. Shigo, A. L, A. E. McGinnes, D. Funk, and N. Rogers. 1979. Internal defects associated with pruned and nonpruned branch stubs in black walnut. For. Serv. Res. Pap. NE-440. 27 p.

58. Mulhern, J., W. Shortle, and A. L. Shigo. 1979. Barrier zones in red maple: An optical and scanning microscope examination. For. Sci. 25: 311-316.

59. Shigo, A. L. 1979. Decay resistant trees. Proc. of the 26th Northeastern Tree Improvement Conf. 64-72.

60. Eckstein, D., W. Liese, and A. L. Shigo. 1979. Relationship of wood structure to compartmentalization of discolored wood in hybrid poplar. Can. J. For. Res. 9: 205-210.

61. Davis, W., A. L. Shigo, and R. Weynck. 1979. Seasonal changes in electrical resistance of inner bark in red oak, red maple, and eastern white pine. For. Sci. 25: 282-286.

62. Shigo, A. L. and Walter C. Shortle. 1979. Compartmentalization of discolored wood in heartwood of red oak. Phytopathology 69: 710-711.

63. Shigo, A. L. 1979. Compartmentalization of decay associated with Heterobasidion an-nosum in roots of Pinus resinosa. Eur. J. For. Pathol. 9: 341-347.

64. Merrill, W. and A. L. Shigo. 1979. An expanded concept of tree decay. Phytopathology 69- 1158-1161.

65. Tippett, J. and A. L. Shigo. 1980. Barrier zone anatomy in red pine roots invaded by Heterobasidion annosum. Can. J. For. Res. 10: 224-232.

66. Shigo, A. L, R. Campana, F. Hyland, and J. Andersen. 1980. Anatomy of injected elms to control Dutch elm disease. J. Arboric. 6: 96-100.

67. Hawksworth, F. and A. L. Shigo. 1980. Dwarf mistletoe on red spruce in the White Mountains of New Hampshire. Plant Disease Reporter. 64: 880-882.

68. Bauch, J., A. L. Shigo, and M. Starck. 1980. Wound effects in the xylem of Acer and Betula species. Holzforschung 34: 153-160.

69. Davis, W., W. C. Shortle, and A. L. Shigo. 1980. A potential hazard rating system for fir stands infested with budworm using cambial electrical resistance. Can. J. For. Res. 10: 541-544.

70. Shigo, A. L. 1981. Proper pruning of tree branches. In: The Garden. Vol. 106: 471-473.

71. Tippett, J. T. and A. L. Shigo. 1981. Barriers to decay in conifer roots. Eur. J. For. Pathol. 11: 51-59.

72. Green, D., W. C. Shortle, and A. L Shigo. 1981. Compartmentalization of discolored and decayed wood in red maple branch stubs. For. Sci. 27: 519-522.

73. Armstrong, J. E., A. L. Shigo, D. T. Funk, E. A. McGinnes, and D. E. Smith. 1981. A macroscopic and microscopic study of compartmentalization and wound closure after mechanical wounding of black walnut trees. Wood and Fiber 13: 275-291.

74. Shigo, A. L. andj. T. Tippett. 1981. Compartmentalization of decayed wood associated with Armillaria mellea in several tree species. For. Serv. Res. Pap. NE-488. 20 p.

75. Ostrofsky, A. and A. L. Shigo. 1981. A myxomycete isolated from discolored wood of living red maple. Mycologia 73: 997-1000.

76. Butin, H. and A. L. Shigo. 1981. Radial shakes and "frost cracks" in living oak trees. For. Serv. Res. Pap. NE-478. 21 p.

77. Tippett, J. T. and A. L. Shigo. 1981. Barrier zone formation: A mechanism of tree defense against vascular pathogens. IAWA Bull. Vol.2: 163-168.

78. Shigo, A. L. 1982. Tree health. J. Arboric. 8: 311-316.

79. Shigo, A. L. 1980. Trees resistant to spread of decay associated with wounds. In: Proc. of Third International Workshop on the Genetics of Host Parasite Interactions in Forestry; Wageningen, The Netherlands. September 14-21, 1980.

80. Shigo, A. L. 1982. Tree decay in our urban forests: What can be done about it? Plant Disease 66: 763-768.

81. Shigo, A. L. and C. L. Wilson. 1982. Wounds in peach trees. Plant Disease 66: 895-897.

82. Tippett, J. T., A. L. Bogle, and A. L. Shigo. 1983. Response to balsam fir and hemlock roots to injuries. Eur. J. For. Pathol. 2: 357-364.

83. Shigo, A. L. and W. C. Shortle. 1983. Wound dressings: Results of studies over 13 years. J. Arboric. 9: 317-329.

84. Shigo, A. L. and K. Roy. 1983- Violin woods: A new look. University of New Hampshire, Durham, NH. 67 p.

85. Shigo, A. L. 1983. Tree defects: A photo guide. USDA For. Service Gen. Tech. Report. NE-82. 167 p.

86. Shigo, A. L. 1984. Tree decay and pruning. Arboric. Jrnl. 8: 1-12.

87. Rademacher, P., J. Bauch, and A. L Shigo. 1984. Characteristics of xylem formed after wounding in Acer, Betula, and Fagus. IAWA Bull. n.s. 5(2): 141-151.

88. Ostrofsky, A. and A. L. Shigo. 1984. Relationship between canker size and wood starch in American chestnut. Eur. J. For. Pathol. 14: 65-68.

89. Shigo, A. L. 1984. Compartmentalization: A conceptual framework for understanding how trees grow and defend themselves. Ann. Rev. Phytopathology 22: 189-214.

90. Shigo, A. L. 1984. How to assess the defect status of a stand. Northern Journal of Applied Forestry 1(3): 41-49.

91. Peters, M., P. Ossenbruggen, and A. L. Shigo. 1984. Cracking and failure behavior models of defective balsam fir trees. Holzforschung 39: 125-135.

92. Shigo, A. L. 1984. Tree defects: Cluster effect. Northern Journal of Applied Forestry 1(3): 41-49.

93. DeGraaf, R. M. and A. L. Shigo. 1985. Managing cavity trees for wildlife in the Northeast. USDA For. Serv. Gen. Tech. Rep. NE-101. 21 p.

94. Ossenbruggen, P. J., M. Peters, and A. L. Shigo. 1985. Potential failure of a decayed tree under wind loading. Wood and Fiber 18 (1): 39-48.

95. Shigo, A. L 1985. Compartmentalizacion of decay in trees. Scientific American 252(4): 96-103.

96. Shigo, A. L. 1985. How tree branches are attached to trunks. Can. J. Bot. 63: 1391-1401.

97. Shigo, A. L. and K. R. Dudzik. 1985. Response of uninjured cambium to xylem injury. Wood Science and Technology 19: 6 p.

98. Shigo, A. L. and Walter C. Shortle. 1985. Shigometry-A Reference Guide. USDA, For. Serv. Agric. Handbook No. 646, 48 p.

99. Shigo, A. L. 1985. Wounded forests, starving trees. J. Forestry 83: 668-673.

100. Shigo, A. L. 1986. Journey to the center of a tree. American Forests 92: 18-22, 46-47.

101. Shigo, A., G. F. Gregory, R. J. Campana, K. R. Dudzik, and D. M. Zimel. 1986. Patterns of starch reserves in healthy and diseased American elms. Can. J. For. Res. 16: 204-210.

● 이 개념을 발전시키는 데 중요한 역할을 한 논문들은 참고 문헌 8, 11, 12, 15, 26, 89, 96에 언급된 간행물에 인용되어 있다.

찾아보기

한글 색인

ㄱ
가지그루터기 24, 40, 42, 44, 71, 78, 79, 80, 81, 140, 165, 200, 206
가지깃 24, 25, 34, 35, 36, 40, 43, 44, 45, 47, 52, 57, 81, 120, 169, 186, 189, 193, 195
가지보호지대 57, 71, 73, 76, 78, 79, 81, 83, 184, 187, 192, 212
가지분기 120
가지 엮기 119, 180, 225
가지 자르기 26, 125, 149, 151, 152, 154, 214
가지제거 29, 135, 179, 182, 183, 185
격자시렁 119, 139, 143, 175, 180, 225
공동 73, 85, 129, 159, 161, 165, 207, 214
구과식물 39, 47
깎기 전정 141, 143, 182

ㄴ
낙지 37, 205
내수피 35, 189, 219, 220, 221, 222
느릅나무마름병 47, 61, 91, 197, 199, 226

ㄷ
단근 162
도장지 164
동일 세력 줄기 90, 91, 92, 94, 96, 98, 99, 100, 114, 174, 194, 196~199, 207
두목전정 29, 119, 131, 132, 133, 134, 135, 136, 137, 156, 175, 180, 182

ㄹ
리그닌 18, 48, 83, 172

ㅁ
마름현상 75, 193
매몰된 수피 32, 100, 101, 103, 104, 105, 106, 107, 108, 109, 164, 198, 200, 201
맹아지 27, 29, 66, 128, 129, 130, 134, 136, 137, 147, 150, 152, 154, 155, 163, 164, 219, 224

ㅂ
반응지대 173, 202, 210
방벽지대 79, 173, 202, 210
변재 18, 59, 74, 173, 175, 211
보호지대 39, 43, 52, 71, 90, 158, 169, 185, 186, 187, 192, 206, 212
부정아 163, 164
부후곰팡이 85, 158, 161
분재 167, 175, 181, 206, 225
불마름병 47, 85

ㅅ
사부 189, 222
상처도포제 20, 29, 83, 85, 88, 158, 159, 160, 161, 168, 183, 186, 188, 199, 207, 226
새살 29, 48, 51, 56, 79, 83, 85, 86, 88, 89, 108, 183, 186, 187, 190, 191, 193, 200, 202, 204, 206, 207

생물계절학 220, 222, 224
쇠조임 94, 208, 215
수간 자르기 26, 125, 126, 127, 128, 129, 130, 134, 149, 151, 152, 154, 214
수관 146, 149
수피융기선 90, 92, 96, 97, 98, 104, 110, 198
심재 75, 173, 174
심재부후 75

ㅇ
예비절단 44, 47, 96, 97, 104, 120, 200
옹이 39, 55, 78, 109, 200
외수피 42
유상조직 7, 29, 48, 83, 85, 164, 183, 186, 187, 200, 202
임관 174

ㅈ
자실체 51, 85, 161, 214
자연낙지 37
자연표적전정 44, 54
잠아 66, 150, 163, 164, 223
절간 119, 125, 149
정아 141
정예지 150
정지 119, 120, 121, 123, 131, 133, 140, 156, 175, 176, 197, 198
주간 110, 113, 114, 119, 120, 121, 125, 136

주맹아 163
죽은 반점 62, 150
줄기그루터기 98
줄당김 145, 208, 215, 218
중앙주간 113, 114, 121
지피융기선 24, 42, 43, 44, 70, 110, 120, 189

ㅊ
참나무시듦병 47, 61, 199
체인톱 30, 105, 193, 205
측아 141
측지 113, 114, 119, 121, 125, 139, 143, 149, 155, 204

ㅌ
터펜계 39

ㅍ
페놀계 39
평절 7, 24, 32, 44, 57, 58, 59, 61, 62, 65, 66, 69, 78, 79, 85, 88, 140, 150, 155, 161, 167, 169, 188, 199, 204, 206, 207

ㅎ
형상수 119, 138, 180, 183, 225
형성층(구역) 19, 107, 164, 173, 185, 189, 197, 200, 201, 202, 222, 224
휴면기 47, 136

영문 색인

A
adventitious bud 163
apical bud 141
arborist 32

B
barrier zone 173, 231, 232
BBR 42
bonsai 167
bracing 208
branch bark ridge 42
branch cluster 102
branch collar 24, 34
branch core 39
branch stub 25, 231
branch tissue 34

C
cabling 208
callus 7, 48
canker 25, 228
cavity 73, 232
cellulose 19
cell wall 19
central leader 113
cladoptosis 205
codominant stem 90
collar 24, 34, 195

conifer 39, 231
corrective pruning 111
Cytospora 66

D
dieback 75
dormant bud 66
Dutch elm disease 47, 231

E
elite sprout 150
epicormic bud 164
epicormic sprout 164
espalier 119, 139

F
fire blight 47
flush cut 7, 24

H
hardwood 39, 228, 229
heartwood 75, 230, 231
Hypoxylon 65, 229

I
included bark 32
inner bark 35, 189, 231
internode 119

L

lateral branch 113
lateral bud 141
leader 110, 113, 125
lignin 19

M

mutilation 29

N

natural shedding 37
natural target pruning 44
Nectria 65
node 119
nurseryman 32

O

oak wilt 46, 228

P

pathogen 59, 232
penol-based 39
pleaching 119
pollard 29, 131, 136

R

reaction zone 173
root pruning 162

rot 25, 228
rot fungus 85, 229

S

sapwood 19
shearing 140
sprout 66, 150, 163, 164, 228
stem bark ridge 90
stem stub 98
stub cut 44
stump sprout 163

T

terpene-based 39
tipping 26
topping 26
training cut 119
trunk 8, 26, 79, 164, 230, 233
trunk collar 34, 195
trunk tissue 34

V

vertical leader stem 125

W

wound dressing 20, 230, 232
woundwood 48
woundwood ring 48

여호와 하나님이 그 사람을 이끌어 에덴동산에 두사
그것을 다스리며 지키게 하시고.
- 창세기 2:15

여전히 우리의 책임이다!

코알라는 수백 년 동안 나무를 전정해왔다.
코알라는 생존을 위해 건강한 나무에 의존한다.
인간과 많은 다른 생명들도 생존을 위해 건강한 나무에 의존한다.
창세기 2:15절의 말씀과 여우가 어린왕자에게 한 말을 잊지 말자.

Touch Trees!

역자 참고 문헌

수목생리학, 이경준, 2001, 서울대학교 출판부

조경수 식재관리기술, 이경준/이승제, 2003, 서울대학교 출판부

수목병리학, 나용준/신현동/이종규/차병진 외 7명, 2002, 향문사

신고 해충학, 백운하 외 27명, 1999, 향문사

신고 임학개론, 임경빈/이경준 외 15명, 2002, 향문사

조림학본론, 임경빈 외, 2005, 향문사

조경수 전정, 천안연암대학 조경과, 2000

영한/한영 과학기술용어집, 한국과학기술한림원